快乐学习 趣味童年

物理真神奇

有趣的课堂

编绘⊙壹卡通动漫

陕西出版传媒集团
陕西科学技术出版社

图书在版编目（C I P）数据

物理真神奇 / 壹卡通动漫编绘. — 西安：陕西科学技术出版社，2014.12

（有趣的课堂）

ISBN 978-7-5369-6345-0

Ⅰ. ①物… Ⅱ. ①壹… Ⅲ. ①物理学－青少年读物 Ⅳ. ①04-49

中国版本图书馆 CIP 数据核字（2014）第 293134 号

策　划　朱壮涌

出版人　孙　玲

有趣的课堂·物理真神奇

出 版 者　陕西出版传媒集团　陕西科学技术出版社
西安北大街 147 号　　邮编 710003
电话（029）87211894　　传真（029）87218236
http://www.snstp.com

发 行 者　陕西出版传媒集团　陕西科学技术出版社
电话（029）87212206　87260001

印　刷　陕西思维印务有限公司

规　格　720mm×1000mm　16 开本

印　张　8

字　数　100 千字

版　次　2014 年 12 月第 1 版
2014 年 12 月第 1 次印刷

书　号　ISBN 978-7-5369-6345-0

定　价　19.80 元

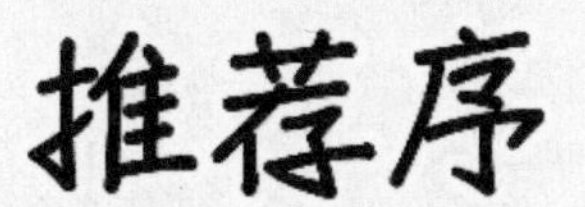

推荐序

我们的学生时期基本上是在听老师讲课中度过的。在这些课中，既有我们喜爱的课程，也有我们觉得枯燥无聊的课程。其实，那些看似无聊的课程也有着超乎想象的魅力。现在，我们用孩子的眼光来重新认识这些出现在课本中的知识，将它们重新编排，以插图绘本的形式图文并茂地展现在孩子面前。

“有趣的课堂”系列丛书形象巧妙地将深奥枯燥的课堂知识展现在读者面前，语言直白生动，知识丰富有趣，包罗万象。从历史到地理，从数学到化学，语文、生物再到物理，通过对各类课堂知识深层次的挖掘，用讲故事、做实验的方式从知识点阐述科学原理，培养孩子们热爱知识、充满好奇心的学习兴趣，使孩子们在探寻课本中好玩有趣的知识后，深刻领悟人类文明的精髓！

本丛书用孩子们喜闻乐见的图文结合的阅读方式重现课堂风采，通过绘声绘色的讲解，增长其见识、丰富其知识，增强他们的文化修养，并把阅读上升到一种快乐的状态。

快跟着阿乐一同去有趣的课堂吧！

目录

第一章　力的魅力

第二章　称重量

第三章　耳旁的声音

第四章　成像

第五章　变化莫测的电

第六章 闪烁的光

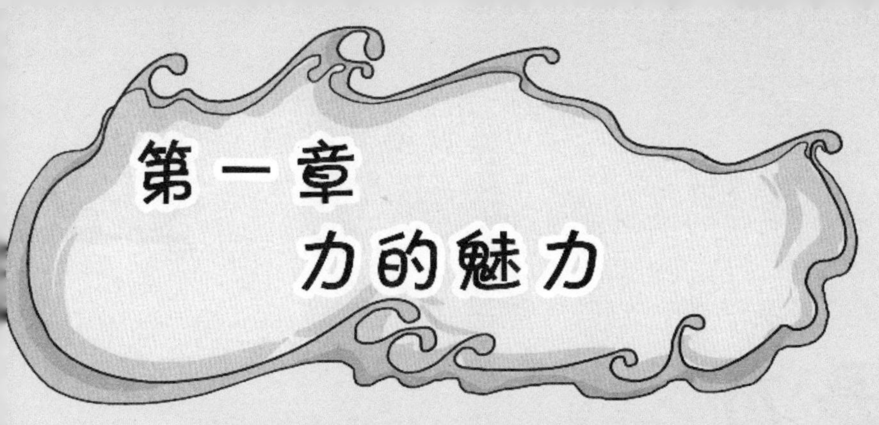

第一章 力的魅力

一个气球的重量是多少？它又能经受住多大的压力而不炸？恐怕我们的一个小脚丫就能把它踩爆。而今天阿乐要和大家做一个小实验，那就是用气球来承载我们的重量，并且气球不会因为我们站在它身上而爆炸。好了，下面就让我们一块进入实验吧！

课堂小实验

准备：四个气球，有一定厚度的硬纸板和平整的地面。

第一步：把四个气球放在平整的地面上摆成正方形，每个气球之间距离是2厘米。

第二步：把硬纸板放在四个气球上。

第三步：50千克的人站在硬纸板上气球完好，没有爆炸。这时需要旁边有人扶着，注意安全。

人站在气球上，气球竟然没有爆炸，这是什么原因呢？

选择有一定厚度的硬纸板是为了人更好地站立，不容易受伤；下边的四个气球在被施加压力后，所承受的力更容易向外分散。而地面的平整也是为了气球下边的接触面积增大，分散人所带来的压力；如果地面不平整，出现凹凸，就容易使单位面积的压强增大，产生爆炸，而阻碍实验的进行。

下面我们和阿乐一起进入力的世界共同发现那份奇妙吧！

什么是力

所谓的力就是物体与物体之间所产生的相互作用，当一个物体受到外来的作用力后会出现速度的变化或者形体的改变。有了受力物体，就一定伴随着一个施力物体，因为力的出现是成对的。

如果你伸出手掌往桌子上狠狠地拍一下的话，你的手是什么感觉了？是不是手很疼啊！为什么打的是桌子自己的手会疼呢？

又比如我们经常玩的溜冰游戏，当我们穿上滑冰鞋，双手用力地推墙壁，此时的我们会有什么感觉？墙没动，我们却倒退着跑了很远，这又是为什么呢？下面就让阿乐为大家揭晓答案吧。

不管是我们用手打桌面还是用力推墙，在此过程中我们都对物体（桌子和墙）施加了力，而力在自然界中是成对出现的，在我们给这些物体施加力的时候，同样也受到了它们的反作用力，所以才会出现手疼和后退的现象。

现在，小朋友们应该对力有个大概的了解了吧？

磁力

在没有遥控器，也没有电池的情况下，一个模具小车子，会行走。想知道其中的原因吗？

假如我们拿着一块磁铁去吸小车的话，会出现什么情况啊！在我们的想象中会是什么样子的呢？今天我们就来做这个有趣的小实验！

课堂小实验

准备材料：磁铁、铁块、两个模型(铁制)小车子

第一步：磁铁放在铁块的附近，请小朋友观察：磁铁吸住了铁块；如果拿着铁块去吸磁铁的话，它只会向磁铁的方向去，说明铁块是无磁性的。

第二步：把磁铁固定在一个模型小车上，把铁块固定在另一个小模型车上。

第三步：手按住固定有铁块的小车，然后去靠近有固定磁铁的小车。

看看会怎么样？

什么是磁力?

实验中磁铁吸引铁的力，就是磁力。

生活中常能看到的这种现象，如电子的定向运动产生了磁力。

在很多地方都用到了磁铁，电动机(和那些给电动机提供电力的发电机)、电话机、录音机等都装有磁铁。地球本身就是一个巨大的磁体，因此带有磁针的指南针，就是确定方向的工具。

磁铁是如何工作的？

磁铁有两个磁极，在磁极那个位置的磁力是最强的。这两个磁极就是北极(N)与南极(S)。在地球磁力的作用下，一块磁铁，一头磁极会自然地指向北，另一头磁极就会指向南。它的名字就是这样出现的。当一块磁铁分成了两块的话，每部分会变成一块新的磁铁，新的磁铁就出现了南北极。

异性磁极相互吸引，同性磁极就会相互的排斥。如果把两块磁铁的N极放在一起的时候，两块磁铁会互相排斥，也就是说它们会向相反方向移动。把不同磁铁的S极放在一起，也是这样的结果。如果把一块磁铁的N极，和另一块磁铁的S极接近的时候，两块磁铁就会马上吸到一起。

如果它们离得很远的话，磁铁之间就不会出现排斥或吸引的磁力现象，看来磁力发生作用有时有着一定的距离的限制。

什么是磁场？

对放入其中的磁体有磁力作用的物质叫做磁场。

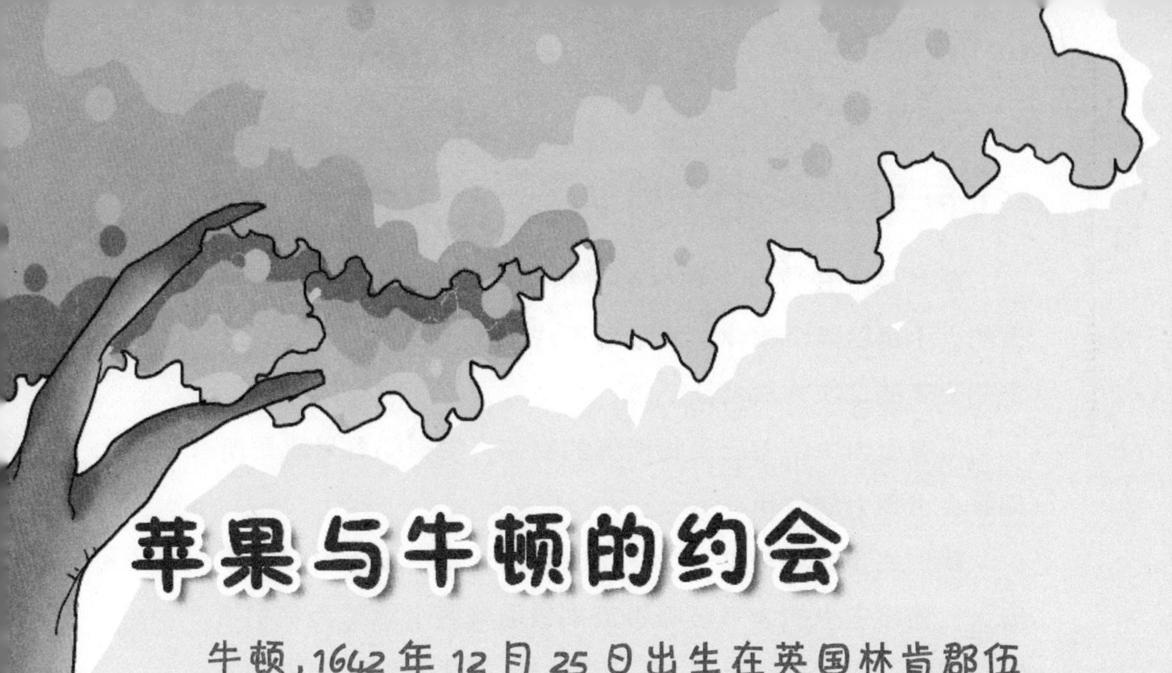

苹果与牛顿的约会

牛顿,1642年12月25日出生在英国林肯郡伍尔索普村的一个农民家庭里。他12岁那年,在格兰撒姆的公立学校读书的时候,对实验和机械发明非常感兴趣,亲自动手制作了水钟与风磨,还有日晷等。

据说在一个非常炎热的中午,小牛顿正在农场里休息,就在这个时候,一个红红的熟透的苹果悄悄地落下来了,正好打落在牛顿的头上。苹果落地引起了他的注意,牛顿心想:苹果为什么不向上飞,而向下落呢?好奇的他就问妈妈,妈妈无法给他解释。

牛顿长大成了物理学家之后,想起了"苹果落地"的故事,可能是地球上存在一种力量吸引了苹果,才掉下来。

万有引力定律

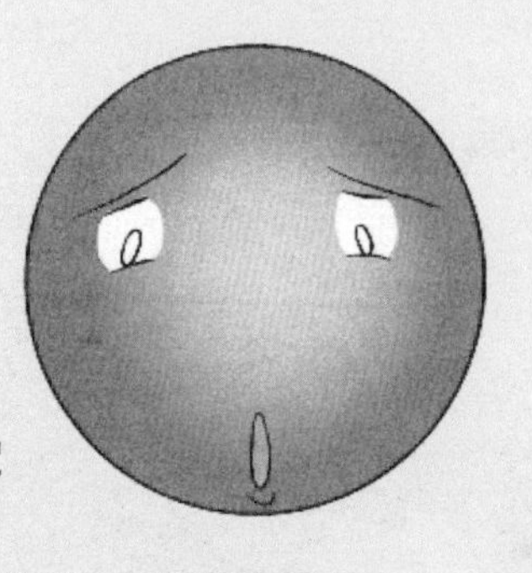

自然界中任何两个物体都是相互吸引的，引力的大小跟这两个物体的质量乘积成正比，跟它们的距离的二次方成反比。

万有引力中的万就是指所有的物体，牛顿的意思就是所有物体之间都会出现力的作用。

我们生存的地球是一个体积庞大的天体，正因为它的体积和质量庞大，使宇宙中的大气被吸引而来包围着整个地球为我们所用。而我们用力地往上跳，不管跳多高，只要在地球的引力范围之内总要落地。而作为天体的它同样也受到别的星体的作用力，如太阳，因为太阳比它还要大，所以在行动上就要受到太阳约束，不管是在人类世界和自然世界都是通用的。

举一个极小的例子，我们拿一根筷子蘸一下碗中的水，这时我们会看到水珠被吸附在筷子上，这就是分子之间的引力。还有就是玻璃店在运输大量玻璃的时候，会向这些玻璃中加一些水，然后这些玻璃就老老实实地呆在那儿不乱动了，这也是利用了分子之间的引力作用。

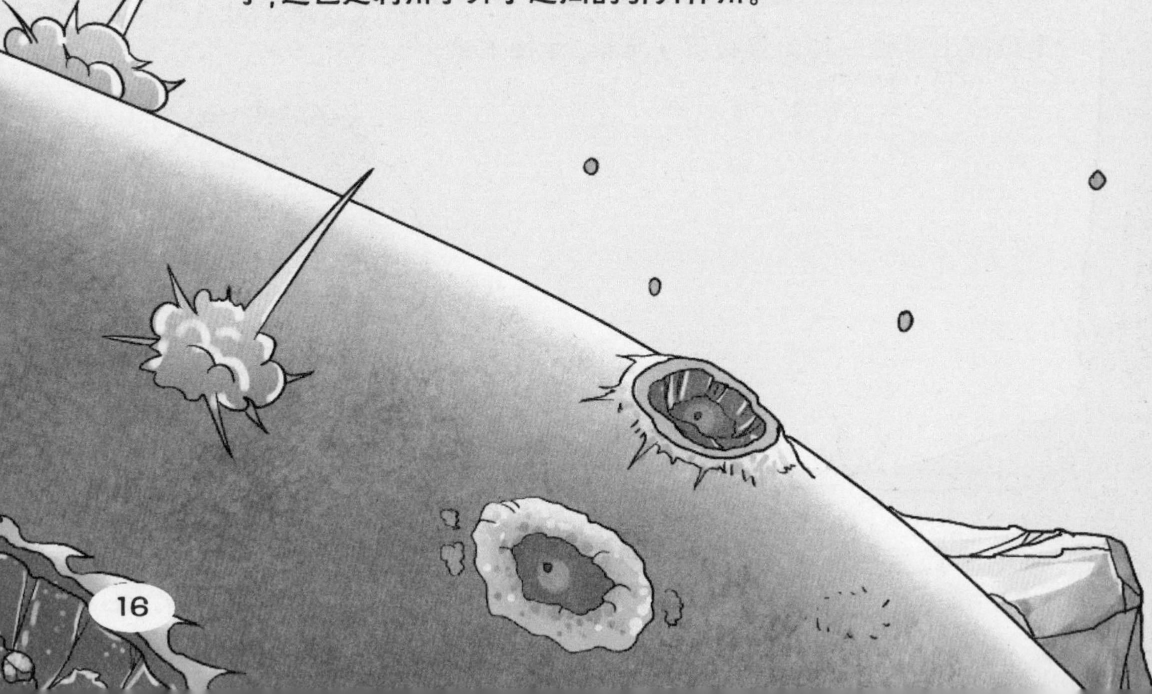

牛顿运动定律

牛顿第一运动定律

在1687年的时候，英国物理界泰斗牛顿在其巨著《自然哲学的数学原理》里，专门提出了牛顿运动定律。牛顿第一运动定律就是其中的一条定律。

任何物体都保持静止或匀速直线运动的状态，直到受到其他物体的作用力迫使它改变这种状态为止。

物体都有维持静止和作匀速直线运动的趋势，因此物体的运动状态是由它的运动速度决定的，没有外力，它的运动状态是不会改变的。物体的这种性质称为惯性。所以牛顿第一运动定律也称为惯性定律。

牛顿第一运动定律并不是在所有的参照系里都成立，实际上它只在惯性参照系里才成立。因此常常把牛顿第一运动定律是否成立，作为一个参照系是否为惯性参照系的判据。

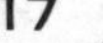

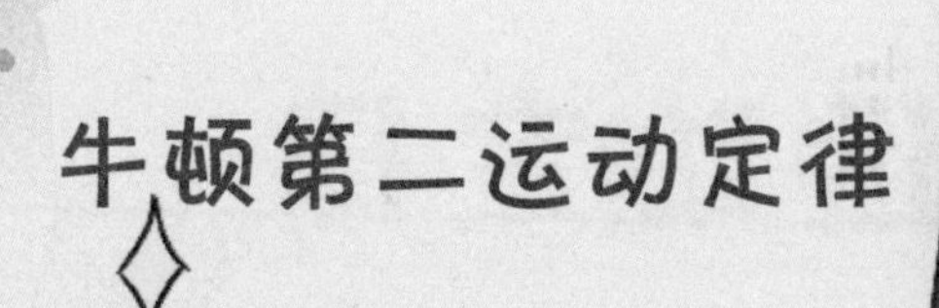

牛顿第二运动定律

物体在受到合外力的作用时会产生加速度，加速度的方向和合外力的方向相同，加速度的大小正比于合外力的大小，与物体的惯性质量成反比。

第二运动定律定量地描述了力作用的效果，定量地量度了物体的惯性大小。

要强调的是：物体受到的合外力，会产生加速度，可能使物体的运动状态或速度发生改变，但是这种改变是和物体本身的运动状态有关的。

真空中，由于没有空气阻力，各种物体因为只受到重力，则无论它们的质量如何，都具有相同的加速度。因此在作自由落体时，在相同的时间间隔中，它们的速度改变是相同的。

牛顿第三运动定律

两个物体之间的作用力和反作用力，在同一条直线上，大小相等，方向相反。

要改变一个物体的运动状态，必须有其他物体和它相互作用。物体之间的相互作用是通过力体现的。并且指出力的作用是相互的，有作用力必有反作用力。它们是作用在同一条直线上，大小相等，方向相反。

摩擦力

阿乐用力快速地搓手 20 秒。让自己的手湿水后再用同样的速度和力量搓手 20 秒。

现在阿乐感觉到第一次搓手手非常的烫，而第二次则好了很多，这又是为什么呢？道理其实很简单，就是水在作怪。第二次的水充当了润滑剂，减小了两手之间的摩擦力，所以就不会像第一次搓手时那么烫了。问题出现了，为什么搓手会烫呢？这个问题留给阿乐和小朋友。

什么是摩擦力？

两个物体相互接触的时候，它们要发生或者已经发生过的运动，在接触的表面上会产生一种阻碍运动的力，这种力就是我们所说的摩擦力。

摩擦力的大小与接触面之间压力大小的关系？

关于摩擦力的大小与接触面之间的压力大小，有着很大的关系。如果接触面粗糙到一定的程度，也就是压力很大的话，摩擦力也会很大的。比如我们骑自行车，车子快没气的时候，你还一直骑着自行车走，是不是感觉很费劲啊！这就是所谓的压力越大摩擦力就越大。

如何增大摩擦力与减少摩擦力?

1.一个物体所接触的表面越粗糙，摩擦力就越大。比如轮胎的花纹，汽车行驶时，轮胎会与粗糙的柏油路面相互摩擦接触，摩擦力就会增大。比如在冬季下雪的时候，汽车行驶在雪地上，摩擦力就会减小了。所以在雨雪天，我们要加倍小心，注意安全。

2.减小接触面的粗糙程度，摩擦力就会变小。比如风扇转轴要很光滑。在钟表齿轮上加些油，就可以减少摩擦力，那样钟表在走动的时候，就会很准确了。比如我们喜欢的滑冰，工作人员把滑冰场整理得很平整，这样是为了减少摩擦，滑冰的时候，速度会更加的快了。

3.用自行车能很好地诠释摩擦力的作用。我们可以仔细地观察一下，自行车的后轮花纹比较深、比较多，而前轮的花纹则比较浅、比较少。这是因为自行车是靠后轮的摩擦力来推动自行车向前行驶的，所以花纹的深和多是为了增加摩擦力；而前轮是被动轮，如果摩擦力大了会阻碍前行，所以花纹设计的既浅又少。

在现实生活中出现的摩擦力都有哪些

假如我们用力去推一辆汽车，在推不动的情况下，则是由于摩擦力大于推力的缘故。

摩擦力还会让风的速度减小，也会干扰风的方向。在摩擦层中间，假如风在粗糙不平的地表浮动，由于摩擦力的出现，风速因此减小。但是因为地球的表面粗糙程度不一样的，摩擦力的大小也是不一样的，风速减小的程度也不一样的。

在一般情况下，陆地表面上的摩擦力比海面上的摩擦力要大。对于陆地表面上的摩擦力来说的话，山地的摩擦力要比平原的大，森林的摩擦力又比草原的摩擦力大。

木匠在把木板磨光滑的工作中，是用砂纸在木板上靠砂纸和木板产生的摩擦力将木板打磨平滑的；

汽车发动机靠与皮带的摩擦力将动能传给发电机发电；

人们洗手时双手摩擦把手上的灰尘洗掉；洗衣机洗衣时靠转动使衣服和水产生摩擦；

吃东西时牙齿和食物发生摩擦；

用拖把拖地，用布擦桌子，用板擦擦黑板都会产生摩擦力。

在我们的生活中只要物体相互接触都会产生摩擦力。

摩擦力在生活中也有非常不好的作用。比如我们经常看的NBA球赛，常常会看到有球员一旦摔倒就会有工作人员赶快过来擦。知道为什么吗？当这些人倒地后，满身的汗水就会弄在地板上，如果不及时擦掉，地板上因为沾了汗水而摩擦力大大减小，如果有其他球员踩到沾水的地板，等待他的就是更大的跟头。所以摩擦力在给我们带来诸多便利的同时也伴随着不好的影响。

拔河比赛

在拔河比赛的时候，要增大与地面的摩擦力，才会有赢的可能。队员所穿鞋子的底部要有凹凸花纹，能够增大摩擦力。

还有就是队员的体重越重，对地面的压力越大，摩擦力也会增大。比如大人和小孩拔河比赛的时候，大人很容易赢，是大人的体重比小孩重。

拔河比赛的时候，还有一个技巧是让脚用力地蹬地，在很短的时间里，可以对地面产生大于自己体重的压力，来取得胜利。

在什么情况下才会产生摩擦力

一、两物体之间的正压力不为零。

二、两物体的接触面均不光滑（均粗糙）。

三、两物体之间发生了相对运动或者有相对运动的趋势（发生了相对运动，产生的摩擦力为动摩擦力；有相对运动的趋势，产生的摩擦力为静摩擦力）。

如何确定摩擦力的方向?

每个需要移动的物体，或者有移动的趋势，必须在一个力的作用下，才会使物体移动。然而摩擦力的方向正好与此力方向相反，是给施力物体用力方向的反方向。

举一个例子，当我们乘坐公交车的时候，假如公交车突然起动，你会感觉到车子向后运动，此时公交车对你的静摩擦力向前。

什么是浮力

指物体在流体(包括液体和气体)中上下表面所受的压力差。

在公元前 245 年的时候，发现了浮力原理的是阿基米德。

课堂小实验

准备材料：一个大碗，一根针，水。

第一步：在碗里装多半碗的水。

第二步：把针放在碗里。

第三步：针是不是漂浮在水面上了？

浮力产生的原因是什么？

比如把一个物体浸在液体中的话，它所受的浮力比重力大的时候，物体就会上浮了；当它所受的浮力比重力小的时候，物体就会沉下去了；如果它所受的浮力正好与所受的重力是同等的，物体就会悬浮在液体中，或者在液体的表面上漂浮着。

怎么调节浮力的大小？

利用空心的办法可以调节浮力的大小。木头漂浮于水面的原因，是因为木材的密度比水的密度小。如果我们把木头挖成空心，做成独木舟，它的重力就会变小。同时，独木舟的体积越大，在水中所受的浮力也越大，就能将等重的人托在水面上行驶了。

假如把空心牙膏皮卷成一团放在水里，就会沉在水底，但是你如果把空心的牙膏皮展开放在水面的话，就会浮在水面上。从这些可以看出来，空心是可以调节浮力与重力之间的关系。利用空心来增大体积，也会增大浮力，那样的话，物体就能漂浮在水面上。

课堂小实验

准备材料：一个大碗、一个鸡蛋、和鸡蛋等大的石块、水。

第一步：把鸡蛋放入装有清水的大碗里。

第二步：不断向碗里放入食盐。

第三步：我们会看到鸡蛋慢慢地从碗底浮上水面。

第四步：把石块放入水中。

我们看到鸡蛋刚放入装有清水的碗中时，沉入碗底，在食盐不断被倒入碗中的时候，水的密度不断增加，而鸡蛋就浮出了水面。说明物体在液体中能否浮出液面和溶液的密度有关。而和鸡蛋等大的石块放入碗中依旧没有上浮，说明浮力的大小和自身的密度有关。

在我们的生活中也常常看到借用浮力的，船是我们借用浮力最广泛的运输工具。

什么是弹力

物体在力的作用下发生的形状或体积改变叫做形变。

在外力停止作用后，能够恢复原状的形变叫做弹性形变。发生弹性形变的物体，会对跟它接触且阻碍它恢复形变的物体产生力的作用，这种力叫弹力。即，在弹性限度范围内，物体对使物体发生形变的施力物产生的力叫弹力。

比如推与拉、提和举、牵引列车、击球和玩弓射箭等。在物体相互接触的时候才会发生的，这种相互的作用就是接触力。接触力分为弹力与摩擦力，它是由电子力引起的。

而弹力的方向与物体形变方向相反。

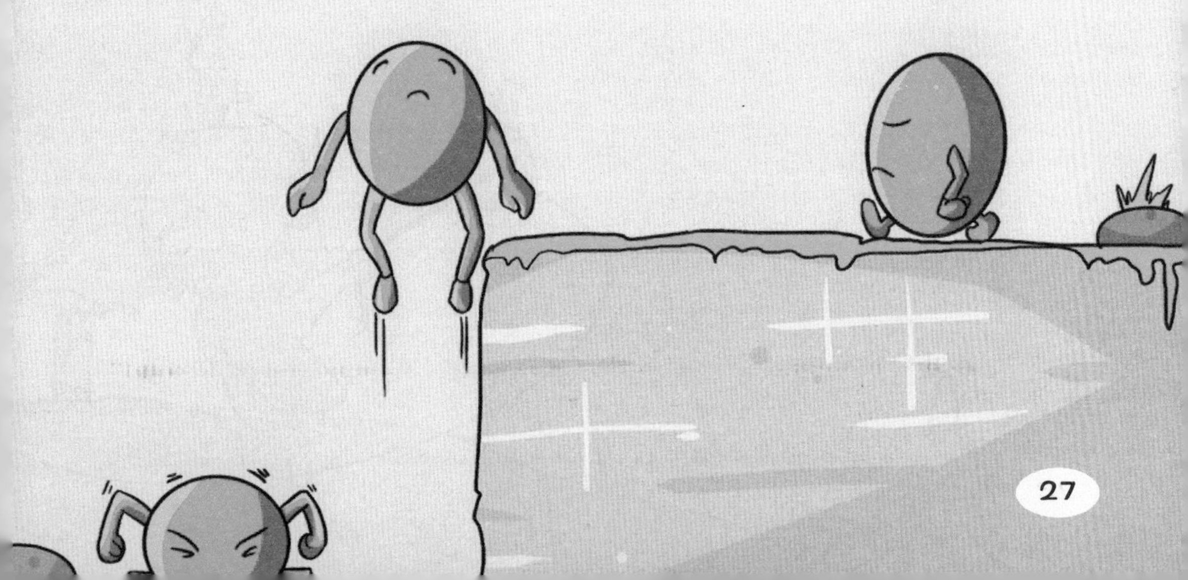

什么力属于弹力？

物体由于弹性形变而产生的力，比如支持力、压力等，都属于弹力。

弹力在我们的日常生活中也经常被用到，比如我们的自行车座下边的几个弹簧，汽车和卡车下边的钢板等等，都是通过弹力来消减直接作用在我们身上的力，使我们在骑车、坐车过程中更加舒服。

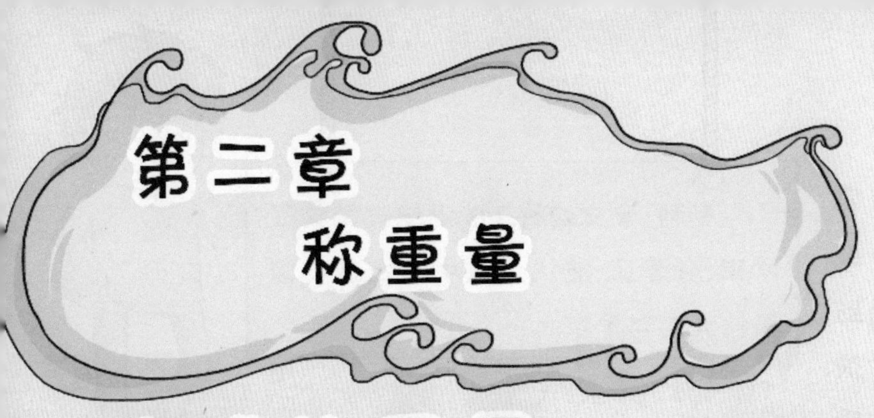

第二章 称重量

地球的重量

小朋友可能早就知道曹冲称象的故事，今天就让阿乐讲讲称地球的故事吧！假如真有一个人能够称得起地球的话，那么，要站在哪里去称地球呢？

英国科学家卡文迪许为了测量地球的重量而绞尽脑汁。有一天，他正在思考的时候，忽然间看到几个孩子在做游戏，其中一个孩子拿着一块小镜子朝着太阳，然后把太阳反射到墙壁上去了，在墙壁上出现了一个又白又亮的光斑。小孩子再转动了一个角度，光斑就悄悄地移动了一定的距离。

卡文迪许突然发现，这就是距离的放大器，灵敏度是可以通过它来提高的。卡文迪许利用细丝转动的原理，在测量

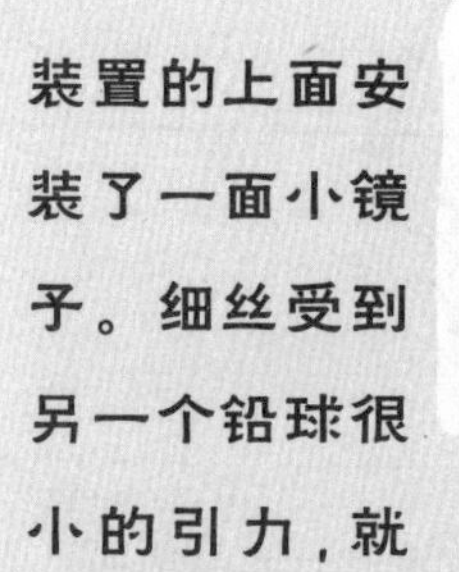

装置的上面安装了一面小镜子。细丝受到另一个铅球很小的引力，就发生了变化，小镜子就会偏向一边转动一个很小的角度，小镜子反射出来的光，就会转动一个很大的距离，引力的大小，在上面看得很准确。他就开始利用这个引力常数，去测一个铅球与地球之间的引力。利用万有引力的公式，地球的重量马上知道了，就是 6×10^{21} 吨。而现在测量地球重量的结果是 5.976×10^{21} 吨。

亨利·卡文迪许，18 世纪英国物理学家、化学家，被认为是牛顿之后英国最伟大的科学家之一。

科学家是怎么测量地球的直径的？

在公元前 200 多年的时候，古希腊的一位学者埃拉托色第一次用测量的方法把地球的大小给推算出来了。

埃拉托色住在亚历山大港。在那里的南边，有个阿斯旺，听说有一口特别深的井，奇怪的是每到夏至中午的时候，太阳光直接会射到井底。可以这样说，就在这一天中午，太

阳的位置就在阿斯旺的头顶，亚历山大的港口中午的太阳光是直射的。假如过了这一天，太阳就不会射到井底了。

他想来想去，就用一根长柱子，把它垂立在地面，测出了亚历山大港口在夏至那天正午太阳的入射角，测出的结果刚好为 7.2 度，这个时候他才知道这 7.2 度的相差，就是亚历山大港口与阿斯旺两地所对的地面弧度的距离。所以他就开始根据这个数值，还有两地之间的距离，开始估计，他算出了地球的圆周为 25 万斯台地亚（也就是 39816 千米）。这个数和计算的圆周很相似。

就用这样的方法，后来的好多科学家们计算出了地球的赤道半径就是 6378.245 千米。

杠杆

所谓杠杆，就是在力的作用下绕固定点转动的硬棒。而杆秤是在一根杠杆上，安装有一根吊绳，那就是支点，在一端把重物给挂上了，砝码或秤锤就挂在了另一头了，这样就可以顺利地称出物体的重量了。在古代的时候，人们给它取的名字是“权衡”，另外一个名字是“衡器”。“权”的意思就是砝码，也可以说是秤锤，“衡”就是指的秤杆了。

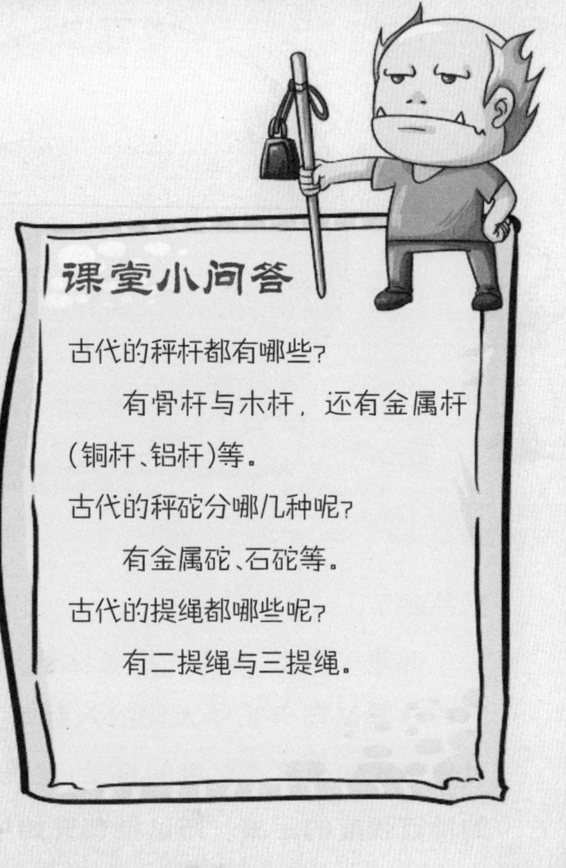

课堂小问答

古代的秤杆都有哪些？

有骨杆与木杆，还有金属杆（铜杆、铝杆）等。

古代的秤砣分哪几种呢？

有金属砣、石砣等。

古代的提绳都哪些呢？

有二提绳与三提绳。

我国计量单位的演变

在夏商时期使用铢与两，后来发展到周朝的时候，是铢与两、金、均、石（二十四铢为一两，十六两为一斤，三十斤为一均，四十均为一石）。

到了20世纪50年代的时候，这些计量单位发生了变化，为了使买卖双方计算更方便，把计量单位改成了十两一斤。后来，开始采用了国际上通用的千克（公斤）来计量了。

最早的秤是在什么时候出现的？

到现在为止，从考古发掘来看，中国最早的秤就是在长沙附近左家公山上的墓里发现的。那有个战国时期的楚墓，就在那个墓里发现了天平。这个天平的制造时期是公元前四到公元前三世纪，算是个等臂秤。

不等臂秤出现的最早时间是在春秋时期，那个时候的人们就开始使用了。在古代，聪明的中国人又发明了有着两个支点的秤，它的名字就是铢秤。用这种秤换支点的时候，不用换秤杆，照样会称出很重的物体的重量了。

谁发明了杆秤？

在古代，人们在打水时井口放一个横杆，在横杆上有个吊绳作为支点，然后把水桶挂在下面。有一位聪明的商人，他的名字叫陶朱公，他受到了很大的启发，后来就发明了杆秤。

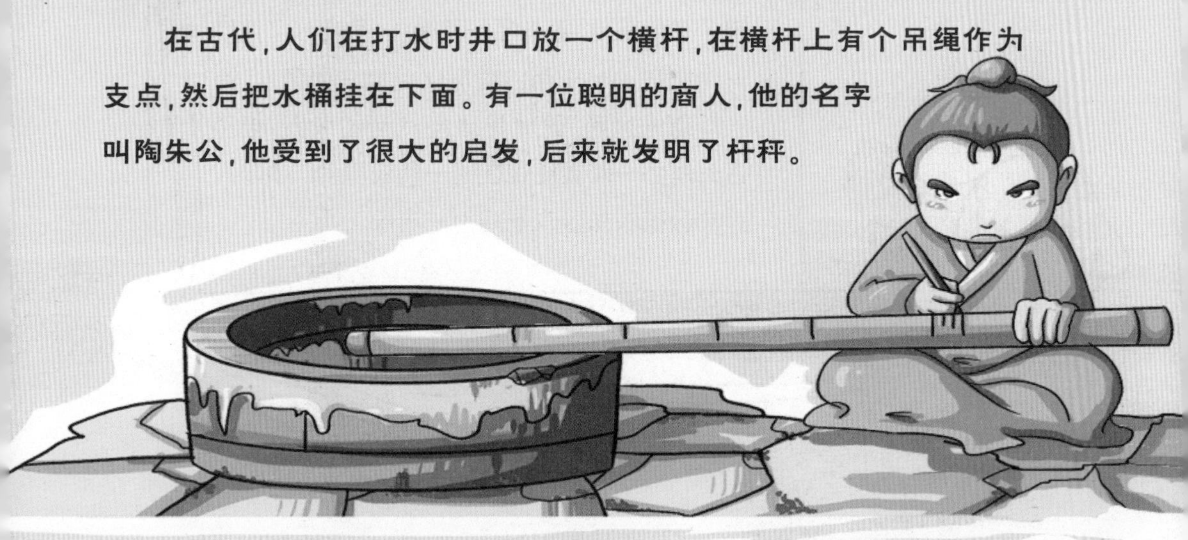

千克

千克，是国际单位制 7 个基本单位之一。法国大革命以后，法国科学院按照新宣布的质量的主单位，也就是克的标准器，制作了质量是克的 1000 倍的标准器，也就是千克标准原器。

千克标准原器最初的定义和长度单位有关；到了 1791 年的时候，又规定了 1 立方分米的纯水，在 4℃时的质量为 1 千克。然后用铂铱合金制成了原器，在巴黎保存得很好，这就是后来所说的国际千克原器。

1901 年的时候，在第 3 届国际计量大会上又有了新规定，也就是以千克为质量(而非重量)的单位，意思是等于国际千克原器的质量。用来表示千克的符号是“kg”。

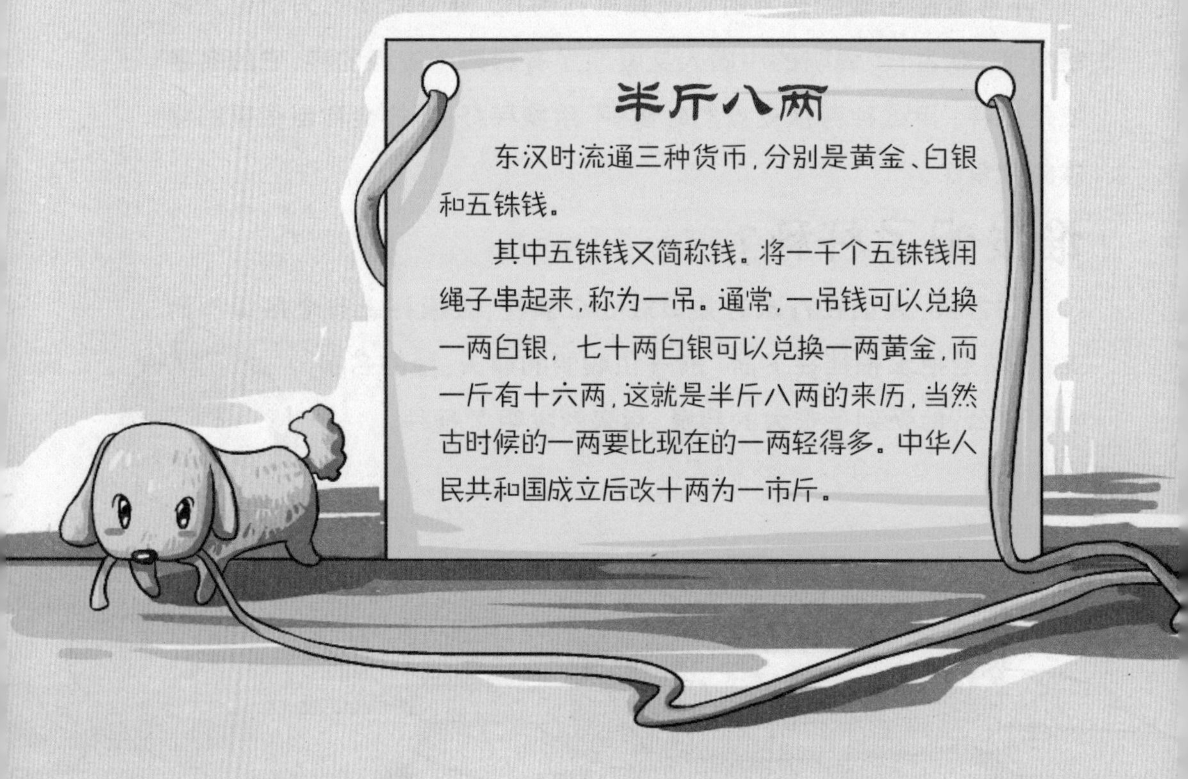

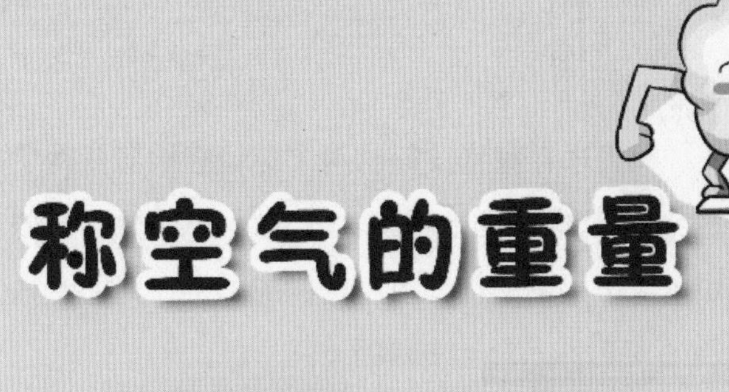

称空气的重量

空气会有重量吗？怎么看不到呢？也许你会想空气根本就没有重量，可是我们把一些空气放在天平上的话，会有什么奇迹出现呢？会不会真的在上面可以称出空气的重量呢？我们来做个实验。

第一步：准备尺子、笔、木片、两个图钉、细绳、胶带、两个气球、气筒、橡皮圈等。

第二步：拿出尺子，然后把木片中间的位置给量出来，在中间的位置上面画一条线。

第三步：看好木板中间的线，然后再对着线在木片的两边按上图钉。

第四步：拿起细绳，在橡皮圈的中间系一下，让它变成两个环。

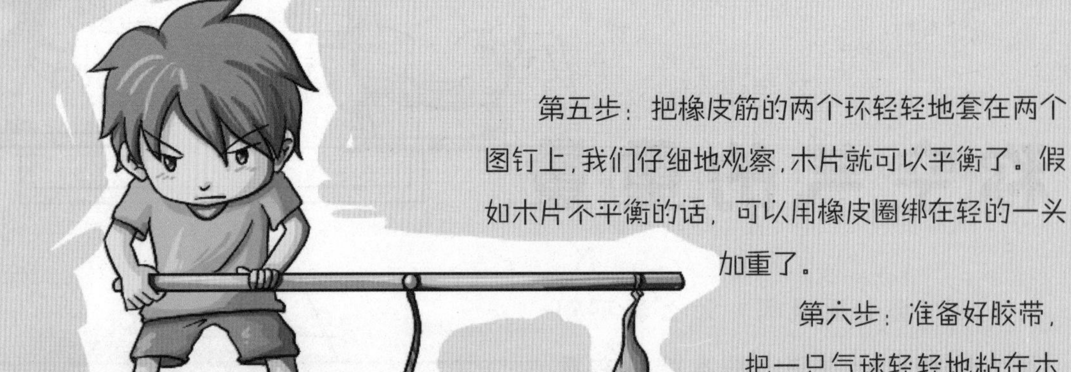

第五步：把橡皮筋的两个环轻轻地套在两个图钉上，我们仔细地观察，木片就可以平衡了。假如木片不平衡的话，可以用橡皮圈绑在轻的一头加重了。

第六步：准备好胶带，把一只气球轻轻地粘在木片的一头。

第七步：拿出第二个气球，然后把它粘在木片的另一头。两头的气球重量是一样，这样两头的气球才会平衡的。

第八步：我们开始给一个气球充气了，然后把气球的颈口系紧了。

第九步：把充好气的气球粘回木片上，木片就会向一边倾斜了，我们终于看到了充了气的气球比没有充气的气球重了。

著名的科学家伽利略和托里切利，他们通过实验，证明空气是有重量的。

通过实验证明空气是有重量的，但是空气看不见摸不着，它到底是不是存在呢？

我们再做个实验来证明它的存在。

第一步：准备瓶子和气球。

第二步：小朋友用嘴巴吹气球，气球吹起来了。

第三步：然后再把一个气球装进瓶子里。

第四步：再吹这瓶子里的气球。

第五步：张大嘴巴吹气球，但是瓶子里的气球还是没吹起来。

从这个小实验我们可以看出，单独吹气球的话，气球就会吹起来，但是吹瓶子里的气球怎么吹不起来？原因是这空瓶子里面都是空气，什么都装不进，就是气球也进不去。知道空气也有重量了吧！

为什么物体的重量会变

在很久以前，有这么一个故事，有一位精明的商人，去了荷兰，在那里买了5000吨鱼，然后把鱼运到索马里的摩加迪沙，可是到了那里，拿出秤称了一下，谁知道鱼竟少了30多吨。在途中的时候，轮船没有停靠在岸上，在装卸的过程中，也不会有这样的损耗，他很疑惑，弄不清楚鱼到底到哪里去了呢？

他昼思夜想，后来才知道这是地球自转和地球引力的作用。一个物体的重量，恰好是物体所受的重力，是因为地球对物体的吸引，才造成这样的。地球自转会产生一种自转的离心力，所以物体所受的重力，就是地心引力与自转的惯性离心力等合成的力。

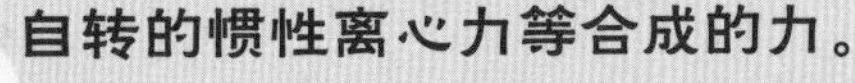

地球是个椭球形的球体，离赤道越近，地面与地心之间的距离就会更加的远了，地心的引力自然就会小。

那5000吨重的鱼，从中纬度的荷兰，慢慢地运到离赤道很近的索马里，那么所受重力自然就会减小了，在过秤的时候，就少了30多吨的。

现在大家知道了物体的重量变化的原因了吧！

同样一个物体，拿到太空后物体的质量会变化吗？

质量是不会变化的，因为质量是属于物体的一种属性，它不会随着地方与状态、还有温度等这些变化而跟着发生变化的。

称过了地球，那么称量几克（如首饰）质量的工具叫什么？它所能称的最大和最小质量是多少？让阿乐来给大家讲一讲。

如果要求的误差在 0.5 克的话，那么就要使用托盘天平了，它可以称量 1~500 克。如果你是称量首饰，假如是黄金首饰，它是相当的贵重，那么就用电子天平。根据精度的不同，它的价格差异是相当大的，从几百到万元的都会有的。

另外一种称黄金的秤就是珠宝秤，一般精确到 0.01 克，还可以采用更高的 0.001 克 。

假如要称量比较大的质量的话，那么就用工业天平。工业天平与分析天平都能够称量几克的质量，那要看你对精度的要求了。

为什么物体在水中重力会改变?

物体在水中每个方向都受到压力,越深的地方水对它的压力越大,物体侧表面处在相同深度,压力肯定是一样大的,所以侧压力抵消了。但上下表面处在不同深度,下表面压力比上表面大,于是,物体在水中受到一个向上的力(浮力),这个向上的力抵消了一部分重力,所以物体在水中重力会变小。

在水中,任何物体都会受到重力和浮力的影响。如果重力小于浮力,物体就会漂浮在水面上;如果重力大于浮力,物体就会沉入水中。当重力和浮力相等或相差较小时,物体就能"悬浮"在水中一定位置。如潜水艇就是通过改变重力和浮力的差值,实现既能在水面航行,又能下沉到海洋深处潜航的功能。

电子秤的分类

按放置位置进行分类如下

桌面秤：指全称量在30千克以下的电子秤。

台秤：就是指全称量在30～300千克以内的电子秤。

地磅：就是指全称量在300千克以上的电子秤。

按精确度来分类如下

一级电子秤：特种天平，精密度是≥1/10万，为基本标准的衡量器。

二级电子秤：高精度天平，是1/1万≤精密度＜1/10万，精密衡器。

三级电子秤：中精度天平，是1/1000≤精密度＜1/1万，工业与商业方面的衡量器。

四级电子秤：普通秤，是1/100≤精密度＜1/1000，是属于粗衡量器。

按照用途分为哪几种？

第一级电子秤：质量比较仪与分析天平，它用在研究机构与制药厂，还有化学工厂与油漆、染料厂等。

第二级电子秤：珠宝天平与实验室里的天平，还有纺织天平与工业天平等，用在食品业与电子业，还有银楼与制药厂、纺织厂以及学校实验室。

第三级电子秤：在市场上或者是各类工厂等，都用计价秤与计重秤，还有计数秤等。

第四级电子秤：体重秤、厨房秤等，经常用于家庭里面。

电子体重秤

小朋友们最好奇了，有时候看到电子体重秤，就会称一下自己身体的重量。我们就认识一下它吧！

它属于一种专门测量体重用的智能型仪器，与平常的指针式的体重计相比较的话，测量的更准些。

电子体重秤的使用方法

1.安装电池。轻轻打开秤底盘下面的电池盖，把电池放好，最后把秤下面的单位转换成开关，打到“kg”位置就行了。

2.开机。秤平着放在牢固的地面上，开机。我们看到液晶屏幕会出现“8888”，等一会儿回到“0.0”，这样，我们就可测量体重了。

大家需要注意的是，在没有出现“0.0”之前，最好不要站到秤面上，更不能乱动秤体，不然测出的不是很准确的。

3.测试。我们可以很小心地站在秤上面，等稳定好后，液晶闪烁3次了以后，就会看到我们的体重数值。

古人是怎么巧妙地称出大象的重量的

这得从一个故事说起，听阿乐给你讲吧！

在公元 3 世纪的时候，没有称很大物体的秤，如果想称出大物体的话，用什么办法呢？也许你听说过曹冲称象的故事吧！

三国时的曹操，很想知道大象的重量，为了称大象的重量，他把大家聚集在一起，出主意。有的人说要造一杆很大的秤可这个办法不行。

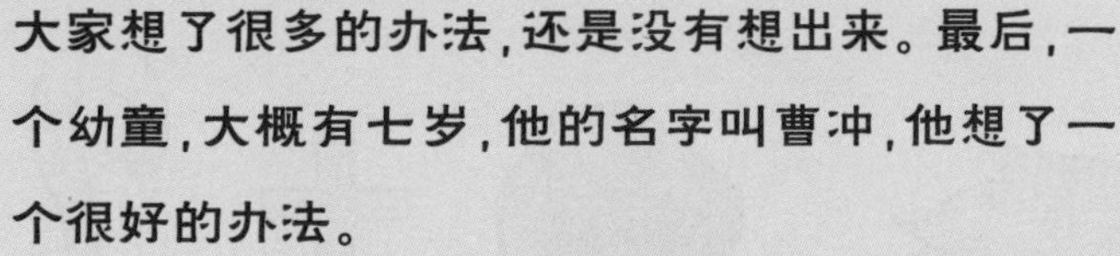

大家想了很多的办法，还是没有想出来。最后，一个幼童，大概有七岁，他的名字叫曹冲，他想了一个很好的办法。

他告诉大家，把大象牵到船上，然后在船身刻下装载大象时的水位线，再把大象牵走；再往船上装石头，等船身下沉到刻的水位线的地方，停止装石头。就这样，分好几次来称出石头的重量，然后把每次称石头的重量全部加起来，那样的话，就是大象的总重量。

聪明的曹冲利用了水的浮力，利用了“等量代换”的方法，称大象的重量用的就是侧向思维的方法。

称中药的秤

称中药的秤的名字是“戥子”，还有另外名字是“小秤”与“药秤”等。戥，读音同“等”，有 250 克的和 500 克的。

称重量的工具

在生活中人们所用的称重工具秤是各种衡器，比如杆秤与台秤，还有地磅等。在实验室里面用的是天平，精度是很准确的。

第三章 耳旁的声音

听听声音

你知道你是怎么样听到声音的吗？

声音是通过物体振动而产生的。它通过介质(空气或固体、液体)传播，并能被人或动物听觉器官所感知的波动现象。为了研究声音的奥妙，阿乐给小朋友做个实验！

课堂小实验

第一步：准备橡皮筋、纸筒、塑料薄膜、胶带、橡皮泥、手电筒、卡片、一张长方形的彩纸等。

第二步：拿起橡皮筋，把光滑的塑料薄膜固定在纸筒的一头，要固定牢固了。

第三步：再把彩纸卷成一个锥形，然后用胶带把它给粘紧。

第四步：用胶带把锥形的边沿和纸筒的重叠的地方粘好就变成了耳朵一样的模型了。

第五步：拿起橡皮泥，把卡片轻轻地固定在桌子上，再用电筒去照射那个薄膜，尽量让光点显示在卡片上。

第六步：我们可以对着锥形管说话、唱歌等，此时我们看到光点在快速地动着。

声波的作用是可以使塑料薄膜上下进行晃动，光点也一样，跟着一起晃动着。此时你仔细看看塑料薄膜，它就像耳朵里边的鼓膜，把信号悄悄地送到你的大脑中里。

你耳朵里的孔，也就是耳道的开口处，它就像是纸做的一个管道。

最后该说锥形管，它的作用是什么？它就像人的外耳朵，那些声音就可以直接对中心的孔进去，然后我们就会听到声音了。

为什么在向很远的人喊话时要把手放在嘴巴两边成喇叭状？

声音是一种具有能量的波，像投入石子的湖面一样，从中间看是波纹，越到外边越小，声音也一样。所以在喊话的时候用手做喇叭状是把这些具有能量的声波朝着一个方向聚拢，这样声音就会传得更远。

什么是声音

声音是在物体振动下而产生的，正在发声的物体就是声源。声音只是声波通过固体或液体、气体传播形成的运动。声波振动内耳的听小骨，这些振动就会转化成微小的电子脑波，它就是我们听到的声音。

你知道气球喇叭吗？气球也会像喇叭一样发出声音吗？现在，阿乐带大家做个小实验我们就知道结果了。

课堂小实验①

第一步：准备工具百宝箱，气球。

第二步：吹气球，吹好后，再把吹胀的气球小心翼翼地放在耳朵的旁边，然后

轻轻敲动气球的另一边，此时你是不是听到了从气球里发出的声音了。气球发出的声音比手指敲的声音还要大一些啊！

课堂小实验②

闲着没事可以到野外放一下风筝，一来可以培养好心情，二来也可以很好地掌握声音的发出原理。

小实验基本没有什么需要准备的，前提是要有一个会放风筝的人陪伴。第一步把风筝飞向高空，自己掌握风筝的高度，先把风筝飞到十多米的高空，然后把风筝线贴近耳朵听。第二步就是把风筝放到二十多米的时候听一下声音。第三步把风筝放到三四十米的时候听一下风筝线的声音。

此时的你，会得出什么结果呢？

结果就是风筝飞得越高风筝线的声音越大，而我们拉风筝线的手也同样会感觉到，风筝飞得越高而风筝线振动的力度越大。结论就是振动越大、振动速率越大，声音就越大。

声音的原理

所谓声音，它就是一种压力波。用来描述波的是频率和振幅。频率的大小是与音高相互对应的，影响声音大小的是振幅。

声音可以被分解为哪些?

声音可以分解为不同的频率、不同的强度的正弦波的叠加。

假如高出了这个范围的波动，就是超声波；假如是低于这一范围的波动，就是次声波了。

狗与蝙蝠等动物，它们就可以听得到高达16万赫兹的声音。

用易拉罐演奏音乐的小实验

听音乐让我们忘记烦恼。今天，阿乐用易拉罐来演奏了一段音乐。

第一步：准备空易拉罐数个，一根非常结实的线，还有一把美工用的刀，还有锥子与锤子各一把，橡皮胶带一卷，一双筷子，剪刀一把。

第二步：戴上手套，防止划伤，拿出美工刀，在易拉罐的侧面割开一个洞，洞口宽度是7毫米左

右，洞的长度是 5 厘米左右。

第三步：拿起锥子在罐底部的中间，开始开洞，洞的大小和线绳差不多，目的是让线绳穿过洞口。

第四步：拿起一根钱，然后穿过罐子的底部

第五步：再把线从侧面的洞拉出，然后用线的一头捆绑上折断的筷子。

第六步：固定之后，再把筷子放回罐子中。

第七步：把罐口的拉环拉掉，用橡皮胶带轻轻地封住罐口。

第八步：拉住线的另一头在空中摇，可以听到从易拉罐发出的声音了。

从这个小实验中我们得知，声音是在空气振动的情况下而产生的，那么从易拉罐侧面的洞中，会有进来的和出去的空气，正是这些空气会振动才发出了声音。如果把空罐上的洞的长度改变，转动速度也改变的话，就会出现高低变化的声音。

这些小实验是不是很有趣？其实生活中还有很多物品可以用来制作物理小实验，在“声现象”的学习中，我们可以利用生活中的很多小实验，来揭开声的秘密。

发现“声音的产生”，原来声音是由于物体的振动产生的，现在我们再做些有趣好玩的实验。

会跳动的小人

第一步：准备一些硬的纸片、小玩具人、胶水等。

第二步：拿着硬纸片把一个小喇叭轻轻地糊起来，就变成了一个“舞台”。然后把玩具小人放在那个“舞台”上，再去打开音乐，声音放大，在音乐响起的时候，我们看到的是台上小人开始跳舞了，它在音乐声中尽情地跳舞。从这些我们可以看出发声的物体是在振动。

会跳舞的火焰

第一步：准备火柴、蜡烛、收音机等。

第二步：点燃蜡烛，然后把点燃的蜡烛轻轻接近收音机（或录音机）的扬声器。

第三步：打开音乐，此时我们会发现火焰在跳舞。

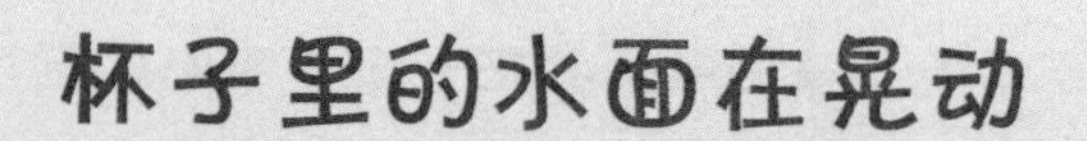

杯子里的水面在晃动

第一步：准备一个玻璃杯子，还有水。

第二步：把玻璃杯里装半杯水，放在桌面上。

第三步：伸手去拍打桌面，不但有声音，而且杯子中的水面在晃动着。

摇滚尺子

第一步：准备一把尺子。

第二步：把尺子放在桌面上，一半露在桌面外。

第三步：一手按住桌面的那一半尺子。

第四步：另一只手拍打尺子的另一端。我们可以看到直尺在振动。

声音的传播

我们身边到处都是声音，但是声音在不同的物质间所传播的速度，有所不同。声音的传播速度和反抗的平衡力有关。

声音的传播也与温度有关吗？

声音会出现在很多的地方，比如声音在热空气中的话，那么声音的传播速度比在冷空气中的传播速度要快了。

声音在水中传播的话，比空气中传播的声音好听吗？

为什么古代打仗期间士兵总不停地用耳朵接触地面？

因为古代打仗多是步兵和骑兵，在大队人马行军的过程中就会发出声音。而将士们会根据多年的经验从声音的大小判断出敌方大概的人数和兵种。因为声音在固体中的传播速度比在空气中（气体）的速度快，趴在地上能够更早地预知敌情来取得战争的胜利。

水球的声音

如果我们在气球里面灌上水，摇晃气球的时候，听到气球里面的声音是不是很美呢？阿乐和大家一起做个小实验吧！

第一步：准备气球两个、水与两根细线。

第二步：轻轻地吹起一只气球，然后用细线把口扎结实。

第三步：把第二只气球的吹嘴轻轻地套进水龙头外面。

第四步：拧开水龙头，往气球里面注入水。等到这只气球的大小和第一只大小差不多大的时候，就不用注水了。

第五步：拿起线把口扎好，然后将两只气球放在桌上。

第六步：用手指弹着桌面，我们可以细心地去听两只气球弹出的声音。盛水的气球里面发出的声音很好听。

从上面的小实验我们可以得知声音能传到我们的耳朵里面，主要原因是我们四周的空气受到了声波的振动。

很多小分子都在空气中，分子与分子之间，有着一定的距离，但是水分子之间的距离很小，所以它们传送声波的振动的话，没有阻碍，水球听到的声音更清晰。

为什么能听到蜜蜂的声音，而蝴蝶的却听不到？

在日常生活中，会出现这样的情况，每到花季，我们在赏花的时候一听到嗡嗡的声音就知道是蜜蜂来了，生怕被蜇到的人就会赶快躲开；而一只美丽的蝴蝶落到我们身上却未察觉，这是为什么呢？

仔细观察一下蜜蜂和蝴蝶飞行时的样子就一目了然啦。原来蜜蜂在飞行的时候翅膀扇动的频率特别快，所以引起空气振动的频率高，产生的声音就传入了我们的耳朵；而蝴蝶就像一个跳舞的仙子，翅膀拍打的速度特别慢，所以就很难让空气产生有效的振动，从而产生的声音特别小，以至于我们就不能听到它们的声音了。

声音传播与阻力有关吗

每当遇到大风的时候，声音传播的速度会很慢。

声音还会因外界物质的阻挡而发生折射，例如人面对群山呼喊，就可以听到自己的回声。另一种现象是：晚上的声音传播的要比白天远，是因为白天声音在传播的过程中，遇到了上升的热空气，从而把声音快速折射到了空中；晚上冷空气下降，声音会沉着地表慢慢地传播，不容易发生折射。

被弹回的声音

声音可以弹回来吗？阿乐和我们一样带着疑惑一起做这个有趣的小实验，也许从中会得到很多的道理。

第一步：准备纸筒两个，会发出嘀答声的一块手表，还有一本书。

第二步：把两个纸筒分别摆成八字形，放在桌子上。

第三步：拿起书本，放在纸筒的后面，把书本立起来放。

第四步：拿起手表，放在一个纸筒的开口处。

第五步：然后用手捂住一只耳朵。这个时候，我们就能听到手表的滴答声了。

第六步：把立起来的书给拿走，此时手表的滴答的声音就消失了。

从这个小实验中我们可以得知声音是以声

波的形式在空气中传播的，假如拿走了纸筒后面的书籍，手表发出来的滴答声会经过纸筒，然后从纸筒口处传出去了，传向四周。

我们如果把书本立在纸筒的后面，声音都聚集在纸筒里面了，不会散发出去，纸筒就挡住了声波。所以把一部分声波给反射回来了，这一部分反射回来的声波，就马上弹到纸筒上，然后传到我们的耳朵里面了。

如果声音传出去很少的一部分的话，很多能量就会保存下来的，所以我们听到的声音就会很大的。

声音在真空中是不能传播的

我们都知道周围的很多物体都会发出声音，在什么情况下物体是不会发出声音的呢？你想知道的话，跟阿乐一起做个奇怪的实验吧！

课堂小实验——没有声音的铃铛

第一步：准备小铃铛一个，两个一样大的铁制圆筒，还要准备两个比圆筒大的胶塞，一个铁支架，水，一个酒精灯等。

第二步：把两个铁筒的上底取下来。

第三步：拿小铃铛系在每个胶塞的下面。

第四步：用塞子把筒口塞紧。再慢慢地摇动铁筒，此时就会从两个铁筒中发出很好听的铃声。

第五步：把一个铁筒的胶塞取下来，然后往筒里放入一些水，不要很多。

第六步：拿起铁筒，然后放在铁支架上，进行加热，等筒子里的水烧开了。

第七步：等一部分的空气排出去了之后，马上把胶塞塞进去。

第八步：把铁筒放进冷水里面，进行冷却。

第九步：现在可以摇动铁筒子，此时就听不到铃声了，但是我们摇动另一个铁筒的时候，就会听到声音了。

从这个小实验中我们得知：如果经过加热的空气被排出去了之后，把密闭的铁筒子放到水里，等待冷却。在这样的情况下，铁筒子里面就会有真空的形成。所以摇动铁筒的时候，就听不到铃声了。看来声音是在空气中快乐地传播，在真空中是无法传播的。

听不到的声音

在自然界中常常会出现这种或那种的声音，比如地震前的地下岩浆运动的声音，又比如鱼类互相交流的声音等，动物们能听到，我们人类却听不到，这又是为什么呢？究其原因就是接收器(耳朵)在作怪，不同的物种对于声音的辨别范围不一样，而人类的耳朵一般只能听到约在 20~20,000 赫兹(20 千赫)范围内的声音，超过了这个范围就是在你耳朵边上发音，你也听不到的。

超声波的用途很广，主要应用在工业与军事还有医疗等行业。

比如在医疗上。人体每个内脏的表面，超声波对其的反射能力有所不同的，健康的内脏和不健康的内脏的反射能力也是不一样的。

现实生活中，所谓的B超，就是利用内脏反射的超声波，进行造影，医生通过这些可以看到人体内的疾病的变化情况。超声波的超大能量会把人体内的结石击碎。

用在工业上，超声波可以把精密零件清洗得很干净，它的工作原理是什么呢？就是在清洗液中利用超声波产生的震荡波在很短的时间内，清洗液会产生一些小小气泡，然后可以冲

洗零件的每个地方。

超声波可以用在金属方面，它可以探测金属、陶瓷、混凝土制品、水库大坝，看有没有空洞与裂纹，检测内部有没有气泡的出现。

在军事上，声纳是用在潜艇上的，这样敌军的舰船和潜艇，都会被发现的。

声音的速度

在空气中(15 摄氏度)声音的速度是每秒是 340 米。在水中(常温)声音的速度是每秒 1500 米。

对于钢铁来说的话，声音的速度是每秒 5200 米。在冰中时候，声音的速度是每秒 3230 米.声音在软木中的速度是每秒 500 米。

自己制造电话机

用两个易拉罐可以制造出一个简单的电话机，是不是很神奇啊！我们和阿乐一起来动手做吧！

第一步：准备两个易拉罐，还有一把锤子，钉子两个，长线一根就行了。

第二步：拿起易拉罐，把上边的盖子去掉，另一个的盖子也去掉。

第三步：拿起钉子放在易拉罐的底部，用锤子捶钉子，给易拉罐的底部钻一个孔，也就是说两个易拉罐各钻一个孔。

第四步：用长线穿过钻的小孔，伸进易拉罐里面的长线上再打一个结，这样绳子就不容易脱落了。

第五步：和另外一个朋友一起拿起易拉罐，放在耳朵上，开始说话，对方都会听到彼此的声音。

这些是对电话机原理的模仿。当我们说话的时候，声波的作用让易拉罐的底部开始振动起来了，振动经过长线传送到另一个易拉罐子的底部，所以，对方就听到声音了。是不是很有趣啊！

声音的危害

声音给我们带来很多的好处，同时也给我们带来一些坏处。我们看次声波，它会干扰人的神经系统的正常功能，对人们的健康带来很大的不利。

次声波的强度达到一定程度，会让人头晕与恶心，还想呕吐，渐渐地人们就失去了平衡的感觉，有的还会出现精神不好。有些人不知道其中的原因，以为是晕车或者是晕船等。有大风的时候，人们站在高层建筑里，也会感到头晕与恶心，原因是大风会使高楼开始摇晃，产生次声波。

噪声的污染

噪声污染是很苦恼的事情，噪声大的时候，患有高血压的病人的发病率就会增加。它对人类的神经系统影响是很大的，在这种情况下会使人急躁，很想发火，睡眠也不是很好，整天感觉很累。

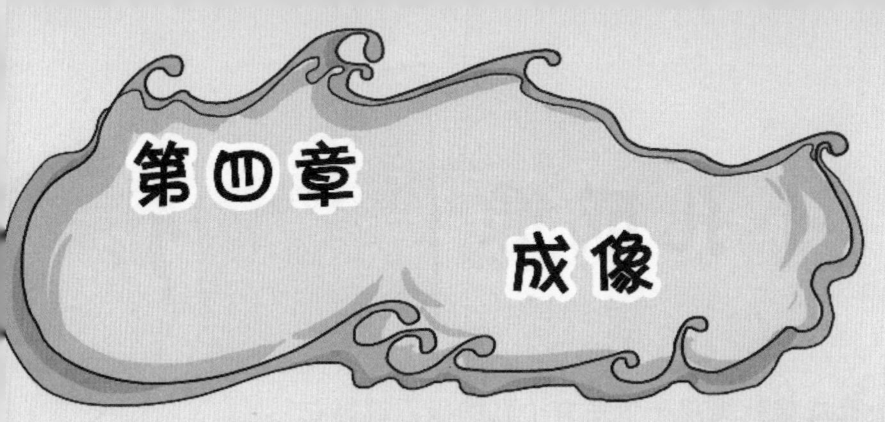

第四章 成像

阿乐的爸爸妈妈出去旅游了，留阿乐一个人在家。到了晚上，突然停电了，阿乐点燃了一支蜡烛，有影子出现了。今天就让阿乐告诉大家一些蜡烛成像的秘密吧！

第一步：准备蜡烛、火柴、中间有个孔的纸板、一块半透明的塑料薄膜。

第二步：在黑暗的屋子里点燃蜡烛。

第三步：在蜡烛的前面放一块半透明的塑料薄膜。

第四步：再把钻有一个孔的纸板放在蜡烛与薄膜的中间。

第五步：光沿着直线开始传播，蜡烛火焰的倒立的像，就在塑料薄膜上看到了。

小孔成像

所谓的小孔成像就是用一个钻有小孔的板，遮挡在屏幕与物之间，我们看到屏幕上会出现形成物的倒像，所以人们把这样的现象叫做小孔成像。

如果我们移动一下中间的板子，像也会发生变化，一会儿大一会儿小。它反映了光线是属于直线传播的。

光巧用小孔成像的原理

现在的一些照相机和摄影机就是利用了小孔成像的原理——镜头是小孔（大多数安装凸透镜以保证光线成像距离），景物通过小孔进入暗室，像被一些特殊的化学物质（如显影剂等）留在胶片上（数码相机、摄影机等则是把像通过一些感光元件存储在存储卡内）。

直线传播性质在中国天文历法中起到了很大的作用。古人制造了圭表与日晷，用它来测量日影的长短与方位，来准确地确定时间，比如是冬至点、夏至点。还有窥管，是专门安装在天文仪器上的，目的是用来观察天象，对于恒星的位置进行测量的。

古代小孔成像的故事

在两千多年前的时候，中国有一位学者，他的名字叫做韩非，在他的书中记载了一个很有意思的故事。

有一个人请了一位画师，目的是专门为他画一张画。这位认真的画师就在家里作画，经过三年的努力，这张画画好了，他把画拿到那个人的面前说："你要的画我已经为你画成了。"那个人拿起画仔细地看着，有一个木板有八尺长，就在木板的上面涂了一层漆，好像什么画也看不到了。他感觉被骗了似的。

画师摇摇头笑道："希望你盖一座房子，在房子里要有一堵很高的墙，然后在高墙壁的对面墙上再开一扇大窗户。把这个木板放在窗上，等到有太阳的时候，你就能在对面的墙壁上看到一幅图画。"他感觉是在做梦一样。

无奈之下，他只好按照画师说的去做了。谁知奇迹果然出现了，就在他的屋子的墙壁上奇怪地出现了亭台楼阁，还有来来去去的车与马的图像。他看到后非常吃惊，奇怪的是画中的人与车还会动的。

每当夏天的时候，我们会在树荫下，怕灿烂的阳光晒我们。当太阳光透过茂密的树叶的时候，会斜射在地面上，我们会在地面上看到很多光斑。奇怪的是每个光斑都是圆的，即便是树叶交织的任何一种形状，光斑照样是圆形的，为什么呢？

原来这就是所谓的太阳穿过小孔之后，所成的像。因为太阳是一个圆形的球体，所以它的像总是圆的。

在小孔成像中，所成像的形状是与物体很相似，但是它和孔的形状一点关系也没有的。

小孔成像原理：光处于同一均匀的物质中间的时候，不会受到引力作用干扰，在这样的情况下，它就会沿直线开始传播了。

光来自哪里

在地球上，最大的光源莫过于太阳。可是因为地球的自转就形成了白昼与黑夜了，特别是夜间的时候，漆黑一片，什么也看不到。在远古的时候，黑夜对我们的祖先来说是恐怖的。经历了无数个世纪，人类终于明白火也会给人类提供光与热。刚开始用的是天然火，之后发明了摩擦取火。人工摩擦取火的发明是人类历史上最有代表性的，它的出现，使人类第一次开始拥有支配自然的能力，人类也是从火的出现开始慢慢地和动物区别开来。

光是沿着直线传播的

细心的人们发现了一些影子，比如树林中，那些树叶之间的缝隙射到地面的光线，形成射线一样形状的光束。

还有，一丝阳光从小窗户悄悄地射进屋子里等。从这些我们可以看出，光是沿着直线传播的。

大约在两千多年前的时候，中国的一位很杰出的人物，他的名字是墨翟，带着他的学生开始做了个小实验，这是世界上第一个小孔成倒像的实验。目的是证明小孔成倒像的原理。那个时候，他们说的是成影，不是成像。

人站在屋子外面，往墙壁上打个小孔，在屋子里面，墙上就会出现一个倒立的人影。这是为什么呢？

墨家告诉我们，光悄悄地穿过了小孔之后，直接射到墙壁上，但是必须是直线进入的。人的头部刚好把上面的阳光给遮住了，所成的影子就在下边；人的脚刚好把下面的阳光给遮住了，所成的影就在上边了，所以就成了倒立的影。这是对光直线传播的第一次科学解释。

墨家还告诉我们物与影之间的密切关系。

在地上，我们看到飞翔鸟儿的影子也在飞动着。这是怎么回事？

原来鸟在飞的时候，光把它给遮住了，就会出现影子。它继续飞的话，后面被光所照射的影子就消失了，新的影子就会出现了。

就这样鸟飞动的时候，前面的影子和后面的影子连续不断地变换着，它所变动的位置，给我们的感觉是影子随着鸟在一起飞动的。

凹镜和凸镜

凹镜和凸镜又叫凹面镜和凸面镜，都是通过光线的反射原理进行成像的。但是因为它们的物理性状不同，造成了物体在镜面所成的像有所不同。

凹镜，当平行光线照来的时候，通过斜面的反射会聚集成一个很亮的焦点；如果反过来的话，焦点处为光源通过凹镜的反射，会使光线平行射出，经常被用来作为照明设备的灯罩就是此原理，正因此我们也会叫它聚光镜。

凸面镜又叫做广角镜或者反光镜、转弯镜等，因为其面像球一样外凸，当光线进入的时候被反射到四面八方。同样正因为如此，周围的事物会被收容进这个小小的镜子里，所以常被用来作为商场、超市等地方的防盗镜，而在汽车上我们会经常看到，为观察身后的路况凸面镜作了很大的贡献。

凸透镜

凸透镜是根据什么原理制成的?

它是根据光的折射原理制成的。

凸透镜是中间有点厚、边缘有点薄的透镜。

凸透镜都分哪些形式?

双凸、平凸和凹凸(或正弯月形)等形式。

使用凸透镜的时候,它有着会聚的作用,所以它的另外一个名字是聚光透镜。

什么是凸透镜的焦点?

凸透镜的焦点就是把平行光线(如阳光)平行在主光轴(凸透镜两

个球面的球心的连线叫做此透镜的主光轴)，然后再射入凸透镜，此时，光就在透镜的两个面，分别经过了两次折射之后，光都集中在轴上的一点，那么这个点就是凸透镜的焦点。

在凸透镜的两边，都有一个实的焦点，如为薄透镜时，这两个焦点到透镜中心的距离基本上同等的。

凸透镜的焦距是什么？

焦点，到透镜中心之间的距离，就是焦距。凸透镜的球面半径如果很小的话，焦距就会很短了。

凸透镜都用在哪些方面？

它的用途可多了，凸透镜用于放大镜与老花眼及远视的人戴的眼镜，还有摄影机、电影放映机、显微镜、幻灯机与望远镜等。

凸透镜成像的原理

如果我们把物体放在焦点以外，就会在凸透镜的另一边看到一个倒立的实像。这些实像可分为缩小的、等大的和放大的三种。物距越小，像距越大，实像越大。物体放在焦点之内，在凸透镜同一侧成正立放大的虚像。物距越大，像距越大，虚像越大。

如果在焦点上的时候，那么就不会成像的。如果在2倍的焦距上的时候，就会出现等大倒立的实像了。

什么是实像呢？

从光学中来说的话，我们看到的实际光线汇聚在一起，所形成的像，就是实像，可以用光屏来承接的。

什么是虚像？

由物点发出的光线，经透镜反射，其反射线反向延长线的交点叫做该物点的虚像点，其集合叫做物体的虚像。虚像的特点是：不是实际光

线的会聚，正立，同侧不能成在屏上。

老花镜成像

我们来看一下老花眼，光线是悄悄地经过眼球前面的晶状体，并没有完全集合在一起，好像就在视网膜的后面降落了。可是老花镜本身是凸透镜，它的光线会集合一次，那么所成的像，正好会落在视网膜的上面，这样就会矫正老花眼。

使用凸透镜的时候需要注意这些

当我们使用凸透镜的时候，千万不能用手去触摸明亮的镜片。

在强烈的太阳光下的时候，千万不要把凸透镜对着一些容易燃烧或者容易爆炸的物品，不然的话，会引起易燃物品爆炸。原因是：凸透镜对光线有会聚作用，太阳光可以看作平行光，平行光通过了凸透镜后就会聚于一点，这一点也就是焦点。这一点产生大量的能量，达到一定温度就能够把易燃的物体烧起来。

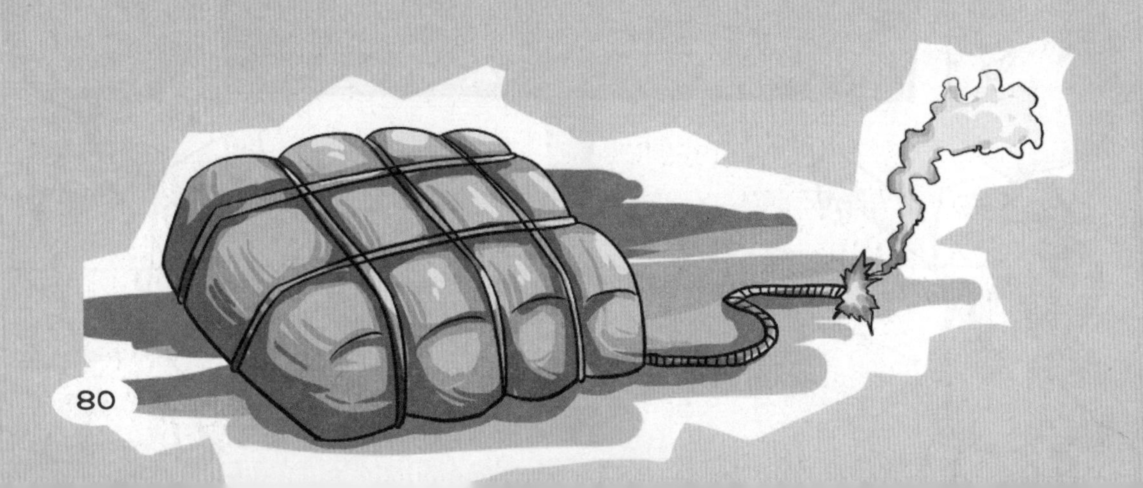

凸透镜与凹透镜的区别方法

第一是利用触摸的方法。伸手摸到中间很薄，然而边缘很厚的镜子就是凹透镜；中间厚边缘很薄的就是凸透镜。

第二种区别的办法是利用聚焦的方法。把平行光射到镜子上，那么会聚光的就是凸透镜了，如果会散光的就是凹透镜了。

第三种区别的办法是利用放大的办法。拿起透镜，然后放到字上，如果看到的字是很大，那么这个就是凸透镜了；如果把镜子放在字上，字很小的话，那么这个镜子就是凹透镜了。

凸透镜与凹透镜的成像性质不同

凸透镜的成像，是属于折射成像。正好起到了聚光的作用。

凹透镜的成像，是属于是反射成像。它的作用就是散光。

凸透镜与凹透镜的焦点是不同的

凸透镜有实焦点。

凹透镜有虚焦点。

光的反射

我们照镜子的时候，看到平面镜中的人像是怎么形成的呢？

平时我们照镜子，利用的是平面镜的反射原理。当人站在镜子前的时候，人像对于镜子来说就成了发光体(通过反射其他光源的光)，然后射向镜子，而这些光线的延长线的交点在平面镜中就形成了我们的虚像。我们在镜子中看到的虚像和物体是一样的大小，距离也是相等的。

从上面我们得知平面镜成像的特点，也就是像与物体大小是相等的。不管物体和平面镜之间的距离发生什么样的变化，在平面镜中，我们看到的像的大小，永远都是那样的大。也就是说没有什么变化，它们的大小是一样的。

可是假如我们试衣服的时候，走近平面镜的时候，我们看到的里面的物体是近处的人在镜子里很大的感觉，如果站远一点的话，好像镜子中的像会小。

这其中的原因就是人的眼看到物体的大小，与物体的真实大小相关，同时与“视角”有着一定的关系。人眼看到的物体，正好是观察的物体的两边各自的一条直线，那么这两条直线的夹角就是“视角”。

假如视角大的话，人就会感觉到物体很大；相反视角小的话，感觉物体就会很小的。也就是说人向平面镜靠近的时候，人和像之间的距离就变小了，此时人们观察到物体的视角，也随之就会增大的，所以我们看到的像，就会感觉变大了。

我们用这样一个比喻吧！我们站在一个地方不动，向远处看去，远处走来一个人，我们看到的是个小黑影，当走近我们的时候，那个小黑影就越来越大直至你看清那个人，这些证明了我们的视觉的关系。平面镜成像，与物是对称的，所以我们慢慢走近镜面的时候，像也会慢慢地向镜面靠近，这就是人们眼中的“近大远小”。

平面镜成像的特点

1. 平面镜成的像是属于虚像；
2. 像与物体的形状大小都是相同的；
3. 像和物体的各个对应点的连线是和平面镜相互垂直的；
4. 像与物体的各对应点到平面镜之间的距离是相等的。

课堂小实验

准备材料：玻璃镜、两支大小长短一样的蜡烛、火柴和直尺、白纸等。

第一步：把白纸平铺到桌面上，并把玻璃垂直于纸面固定好。

第二步：在玻璃镜一侧点燃蜡烛。

第三步：通过观察，把另一支未点燃的蜡烛放在玻璃镜的另一端燃烧蜡烛像的位置。

第四步：多次试验，并记录数值。

此时我们就可以很好地了解平面镜成像的原理了。

核磁共振成像

在计算机技术、电子电路技术、超导体技术发展的同时，核磁共振成像也跟随发展起来的。它是属于一种生物磁学核自旋成像技术。

核磁共振成像也称磁共振成像。是利用核磁共振原理，通过外加梯度磁场检测所发射出的电磁波，据此可以绘制成物体内部的结构图像，在物理、化学、医疗、石油化工、考古等方面获得了广泛的应用。

核磁共振成像的另外一个名字是自旋成像，它的简称是 MRI。

把这种技术用在人体里面的结构成像，就会产生出一种医学上用来诊断的工具了，使医学、神经生理学得到了进一步的发展。

我们可以利用一个磁共振成像，对人的大脑进行扫描，在里面我们就会看到一个连续切片的动画，是从头顶开始的，然后再到下面，这个成像可以成为医生做诊疗的依据。

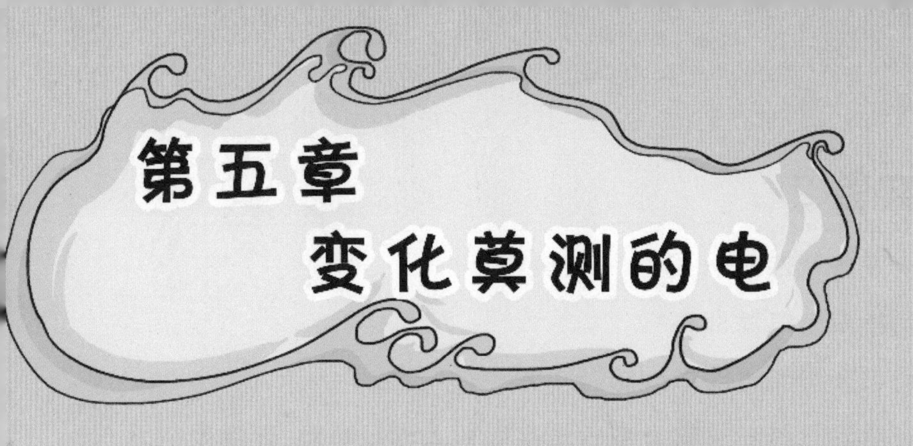

第五章 变化莫测的电

土豆会发电吗？阿乐也听说过，但总感觉好像不是真的吧？本章我们会做到这个实验。

提起电，我们其实一点也不陌生，在生活中我们看的电视、用的电脑、电饭煲等，这些都离不开电。但是你对电了解多少呢？

电是一种很重要的能源，它的用途相当的广，它可以发光与发热，还会产生动力，如电灯、电炉、电机。

每当下雨快来临的时候，会出现闪电，它在大气中随意地放电，在云中放电，在云间放电，在云地之间放电等。

其实我们身上也有电，不信，我们一起来做个摩擦起电的实验吧！

课堂小实验①

准备材料为一个塑料笔盒、一些碎纸片。让塑料笔在自己的头发上快速地摩擦，然后这些带电的塑料笔头就可以吸附小纸片来回飞舞了，很好玩的，小朋友快来试一下吧！

课堂小实验②

第一步：准备气球两个，还有一根线绳。

第二步：把两个气球都充气

第三步：把充好的气球口打结。

第四步：拿起气球在头发上或者是羊毛衫上进行摩擦，速度要快。

第五步：气球放在头上，就不会掉下来了。

小朋友，当你做完这个实验之后，是不是会很疑惑，气球为什么会在头上掉不下来啊？

原来气球与头发相互摩擦的时候，就会产生静电的。它所产生的电正好一个是正电，另外一个是负电，所以就相互吸引了。

生活小常识

摩擦起电在我们的日常生活中非常容易见到，比如在寒冷的冬季，我们因为穿的衣服比较多，所以在行动的时候很容易造成摩擦起电。特别是在晚上脱衣服的时候，如果灯是关着的，就会看见许多噼里啪啦的电火花，这就是摩擦起电的结果。

在运输可燃液体（汽油、柴油）时，卡车的下边总会有一个铁链拉着地，这也是为了防止因摩擦所产生的能更好地传入地面不至于造成的火灾。

什么是静电？

静电指静电荷，是一种处于静止状态的电荷。在冬天的时候，空气会非常的干燥，人体就会带电。比如一个人开始走动了，空气和衣服之间就会产生摩擦，那么人体里就会储存了静电。假如我们把手放在门的金属把手上的时候，就会放电，手很麻。这就是发生在人体的静电。

什么是摩擦起电？

所谓摩擦起电，就是我们利用摩擦的方法，使两个不同的物体带电的现象。也可以说成是：两种不同的物体相互摩擦了之后，其中一种物体带的是正电，另一种物体带的是负电的现象。

玻璃棒跟丝绸摩擦，玻璃棒的一些电子转移到丝绸上，玻璃棒因失去电子而带正电，丝绸因得到电子而带着等量的负电。

两个物体互相摩擦时，因为不同物体的原子核束缚核外电子的本领不同，所以其中必定有一个物体失去一些电子，另一个物体得到多余的电子。用橡胶棒跟毛皮摩擦，毛皮的一些电子转移到橡胶棒上，毛皮带正电，橡胶棒带着等量的负电。

摩擦起电的原因是什么？

摩擦起电并不是两个物质制造了电，是电荷从一个物体悄悄转移到了另一个物体。这样的情况下，正负电荷就会分开，但是电荷总的量没有改变。对于相互摩擦的两个物体来说的话，会带上同等量的不同类型的电荷，对于带正电的物体来说，它是缺少电子的，带负电的物体反而得到了相等量的多余的电子了。

古今关于电的发现与发明

在古代的时候，人们是通过“闪电”出现在天空，才发现它存在于自然界中的。

在公元前600年左右的时候，希腊的一位叫做泰勒斯的哲学家，发现了琥珀在相互摩擦的情况下就会吸引绒毛与木屑了，这种现象就属于是静电。

1603年的时候，英国的吉伯特发现了地球是一大磁铁。

1660年的时候，德国的朱利克，制造了摩擦起电机。

1703年的时候，荷兰的一名商人，在塞伦岛待了一段时间后，他发现石头加热之后就会带电，之后，他就把这个能产生电的石头带到了日本。

1729 年的时候，英国的格雷，感觉物质会分成导体和绝缘体。

1732 年的时候，美国的富兰克林，发现了电为一流体说。

1733 年的时候，法国的迪非，发现电有正负极，还提出了电为二流体说。

1744 年的时候，荷兰的莫欣普克，精心研究，发明来顿瓶。

1752 年的时候，美国的富兰克林用风筝实验证明雷与摩擦电的性质是一样的。之后发明了避雷针。

1753 年发现静电感应装置的人是来自英国的约翰，他在皇家协会曾经报告静电的感应。

来自意大利的加凡尼，在 1772 年的时候，提出了关于带电体间的平方反比定律、介电常数的概念。

1775 年的时候，意大利的伏特，设计了起电盘。

1779 年的时候，法国的库仑，提出摩擦定律。

1780 年的时候，意大利的加凡尼，发现两种不一样的金属，在相碰之后会产生一种电。

1799 年的时候，来自意大利的伏特发明了电堆与电池。

关于近代电的进一步研究

美国的一位科学家富兰克林，在1752年的时候，做了一个风筝的实验。

他把风筝系上钥匙，放到云层中，金属线被雨淋湿了，湿金属线把空中的闪电吸引到手指和钥匙之间，从这些证明了空中的闪电和地面上的电是一样的。

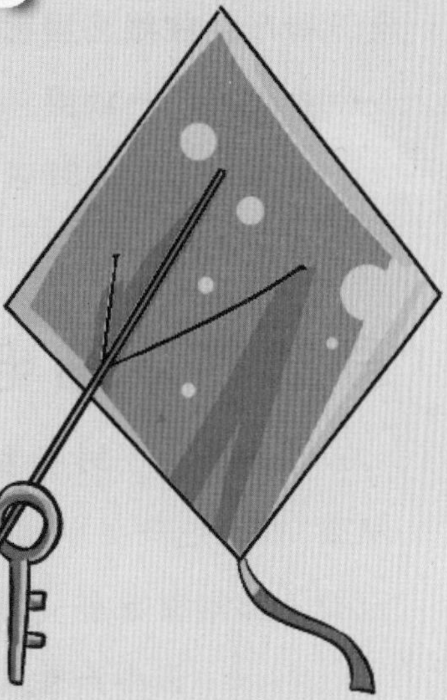

1821年，英国的法拉第完成了电的大发明。两年以前，奥斯就知道了电路中是有电流可以通过的，因为在它附近的普通罗盘的磁针发生偏移。这些给法拉第带来了很大的启发。如果磁铁固定的话，线圈就会运动。就是根据这种遐想，在他的努力下，一种很简单的装置成功地发明了。在装置里面，假如有电流通过线路的话，那么线路开始绕着一块磁铁做转动。

法拉第发明的是第一台电动

机，也就是用电流使物体运动的一种装置。看似很简单，不得不说，那就是世界上所有电动机的祖先了。

在不断的努力下，到了 1831 年的时候，法拉第又制造出了世界上第一台发电机。他发现第一块磁铁悄悄地穿过了一个闭合线路的时候，电流就产生在线路里面，这就是电磁感应。法拉第的电磁感应定律是他一生中取得的一项最伟大的成就了。

在 1866 年的时候，来自德国的西门子，成功地制造了世界上第一台工业用发电机。

自然界中雷电的形成

雷电产生于对流发展旺盛的积雨云中，因此常伴有强烈的阵风和暴雨，有时还伴有冰雹和龙卷风。积雨云顶部一般较高，可达 20 千米，云的上部常有冰晶。冰晶的凇附、水滴的破碎以及空气对流等过程，使云中产生电荷。云中电荷的分布较复杂，但总体而言，云的上部以正电荷为主，下部以负电荷为主。

因此，云的上下部之间形成一个电位差。当电位差达到一定程度后，就会产生放电，这就是我们常见的闪电现象。

电流

什么是带电体?

一个物体失去了电子,或者是另外一个物体得到了电子,它们都带有正电荷与负电荷,那么带着电荷的物体,就是带电体。

在电荷的四周出现有电场,进入电场中的电荷,就会受到电场力的作用。

什么是电流?

电源的电动势会形成电压,在这样的情况下就产生了电场力,电场内的电荷在电场力的作用下,朝着一定的方向,就会发生移动,然后就形成了电流。

它是可以分为两大类:直流电流、交流电流。只要是电流不随着大小与方向变化的电流,就是稳恒电流,所以简单地称为是直流;电流的大小与方向都会随时间的变化而变化的电流,就是属于交变电流,简单地称它为交流。

电流流动时候，经过的路途就是电路。在出现闭合电路的时候，会出现电能的传递，还有电能的转换。

自然界中的大电路

我们的自然界中有一个天然的大电路，通常情况下它是断开的，而在阴雨天气就会经常出现闭合的想象。这就是雷电。

云在形成的过程中，通过不断的运动、摩擦等等得到能量，也就是电荷，变成了暴风云或者说是积雨云。顶层的积雨云带有很强的阳电，而底层的带有阴电比较多，当空气湿度达到要求时，正负电荷相吸引，就会形成一个大回路，在天空中形成壮观的放电现象，也就是电闪雷鸣。许多时候，空气都不是很好的导体，所以巨大的山丘、高楼等就成了良性导体，而天空带有巨大能量的负电荷就会努力向下延伸形成电的回路，这也是我们经常看到被雷劈断大树的原因。而闪电在自然界中也成了闭合巨型电路的闸刀。

电路是由什么组成的

电路的组成部分是电源与连接的导线，还有开关电器与负载，包括其他辅助设备等。

电源是一种设备，是专门提供电能的。电源的任务就是把不是电能的能变成电能：电池是把化学能悄悄地转变成了电能，发电机会把机械能悄悄地变成了电能，对于太阳能电池来说的话，它是把太阳能悄悄地变化成了电能，至于核能就是把质量变化成能量等。

在电路中，消耗电能的设备就是负载。

负载的任务就是把电能转变成了其他形式的能量。

比如拿我们用的电磁炉来说吧，它把电能转成了热能；电动机会把电能变换成为机械能等等。

在生活中还有一些我们经常见到的负载，如照明的器具，还有家用电器等。

电路负载的控制设备是开关电器。比如闸刀的开关、断路器，还有的是电磁的开关、减压起动器等。

各种继电器、熔断器以及测量仪表等，这些都是电器的辅助设备。

辅助设备的任务是干什么的？

它是控制电路，秉承着分配和保护、测量等任务，还有连接导线的作用。就是把电源与负载，还有其他的设备等，经过连接形成一个闭合的回路，

把导线连接起来，目的是对电能进行传送，还有电讯号的传送。

风力发电机原理

在芬兰与丹麦等国家，流行着风力发电。在我国的西部地区也渐渐流行着风力发电。

依靠风力来发电，属于是自然能源的利用，比起火电、核电等的发电要环保多了。

风力发电的原理，是在风力的作用下，把风车的叶片带动起来，开始旋转，再利用增速机，把旋转的速度变得更快，给电机发电一些力量。

风力发电不需要燃料，相对来说，根本就不会有空气污染，对人体也不会带来辐射。

风力发电机都由什么组成的？

风力发电机的组成部分是机头与转体，还有尾翼和叶片等。风力发电机的每一个部分都相当的重要。

风力发电机各个部位的作用是什么？

叶片的作用是用来接受风力的，然后再通过机头变换成电能。

尾翼的作用是让叶片一直对着来风的方向，目的是得到最大的风能，转换成动能。这样的情况下，机头才会很灵活地转动着，那么尾翼来调整方向的话，更方便了。

风力发电机依靠风来发电，有时候的风量不是很稳定，所以输出的是13～25伏变化的交流电，借此，必须让充电器来整流，对蓄电瓶开始充电，那么风力发电机所产生的电能，就会变成了化学能。然后利用保护电路的逆变电源，再把电瓶里的化学能，变换成220伏交流市电，在这样的情况下，使用起来比较稳定。

怎么利用土豆发电

土豆还会发电，听起来好像不是真的？今天我们就和阿乐来做这个小实验吧！

准备一个铜片，还有一个锌片(铜丝和锌丝也可)，分别插在土豆两边，在铜片和锌片上接上电线就可以了。

第一步：准备若干土豆、铜片、锌片、螺钉、导线。（友情提示，发芽土豆，一个完整的无线鼠标。）

第二步：拿出两个土豆(1和2)，然后做一个发电的单元，土豆1和土豆2上分别插一个锌片和一个铜片，把土豆1的铜片与土豆2的锌片用导线连接起来。然后再把土豆1的锌片与土豆2的铜片连接上其他土豆。

将两个土豆串联发电.每个土豆能产生 0.5 伏的电压，产生的电流是 0.2 毫安。在物理知识中我们得知串联的电流是一样的，如果把电压相互加起来的话，意思是两个土豆串联的话，就可以获得 1 伏左右的电压。可是对于无线鼠标来说的话，一般都采用了 2 节 5 号电池，相当于 3 伏的电压，最少需要 6 个土豆，进行发电。我们先用 3 个土豆代替一节电池驱动无线鼠标，看简单的测试吧！

第三步：3 个土豆串联起来，土豆发电单元上有两个很短的导线是正负极，与鼠标电池仓中的正负极相互对应。

第四步：给鼠标卸掉一个电池，只提供单电池，同时将 3 个发电单元串联的正负极导线与电池仓中卸下的对应。

鼠标的底部红灯亮了。

好了，土豆开始发电了！

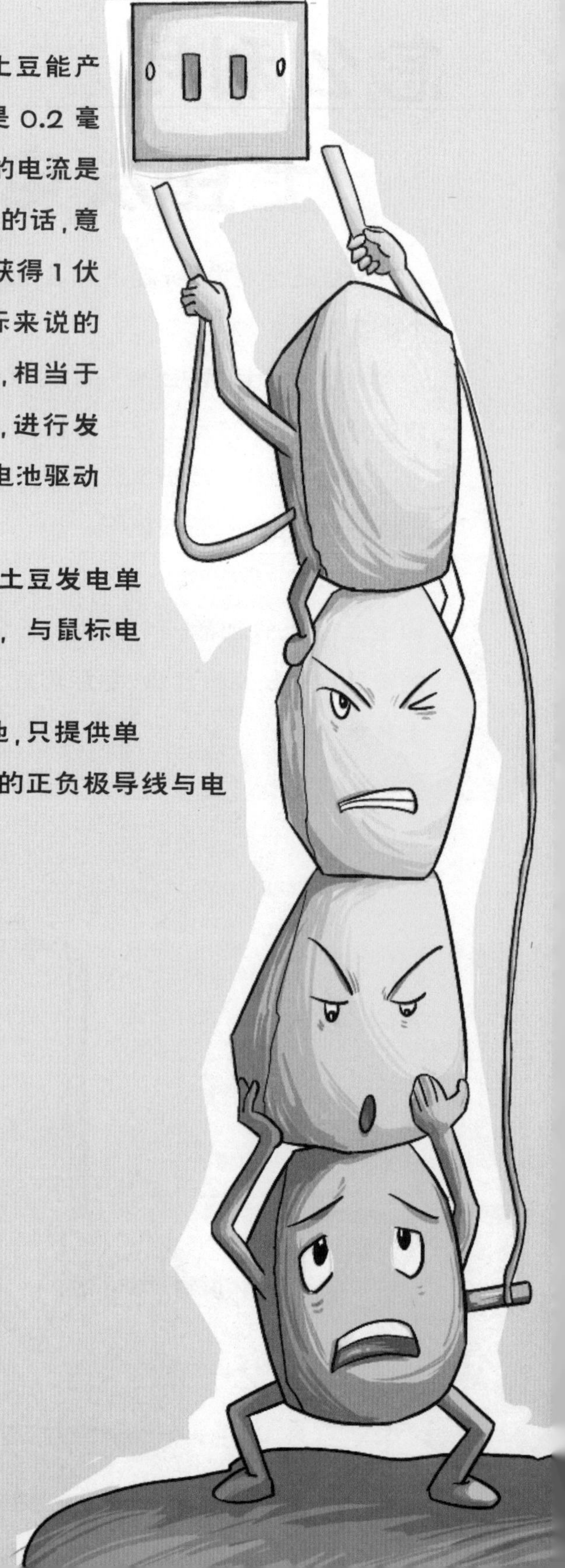

太阳能发电

利用太阳能，我们第一想起的就是我们房顶上的太阳能热水器，它就是利用太阳能进行的，使用起来很方便。它有很多的优点，同时也有缺点。

太阳能发电在人们的心目中是感觉最好的新能源。因为它没有枯竭的危险，使用起来非常的安全，也没有任何的噪声。它的排放也没有污染，相当的干净。无论在哪个地方都能使用的。没有什么限制，特别是在建筑屋面上最好了。

太阳能热水器的缺点是只有在夏季的时候用着效果好（当然，现在经过技术改进，也有四季都可以用的）。能源跟四季有关，夜间与阴雨天气的情况下，不能产生足够热的热

水。再就是利用太阳能来发电的话，设备需要的成本很高，太阳能的利用率有点低。在一些特殊环境下使用比较好，比如卫星等。

太阳能发电的原理是什么？

太阳光也有压力的，当它照射在一些材料上的时候，这些材料就会形成一个强大电场在里面，使电子悄悄地跑出来了，假如提前在材料的另一面准备“空穴”，这些电子就会向空穴移动，所以就形成了电流。

但是这些电流在去向空穴的途中的时候被拦下来，或者是汇集起来，进行储存，这就是所谓的阳光发电。阳光发电效应，就叫做是“光伏效应”，太阳能电站，时常被称为是“光伏电站”。

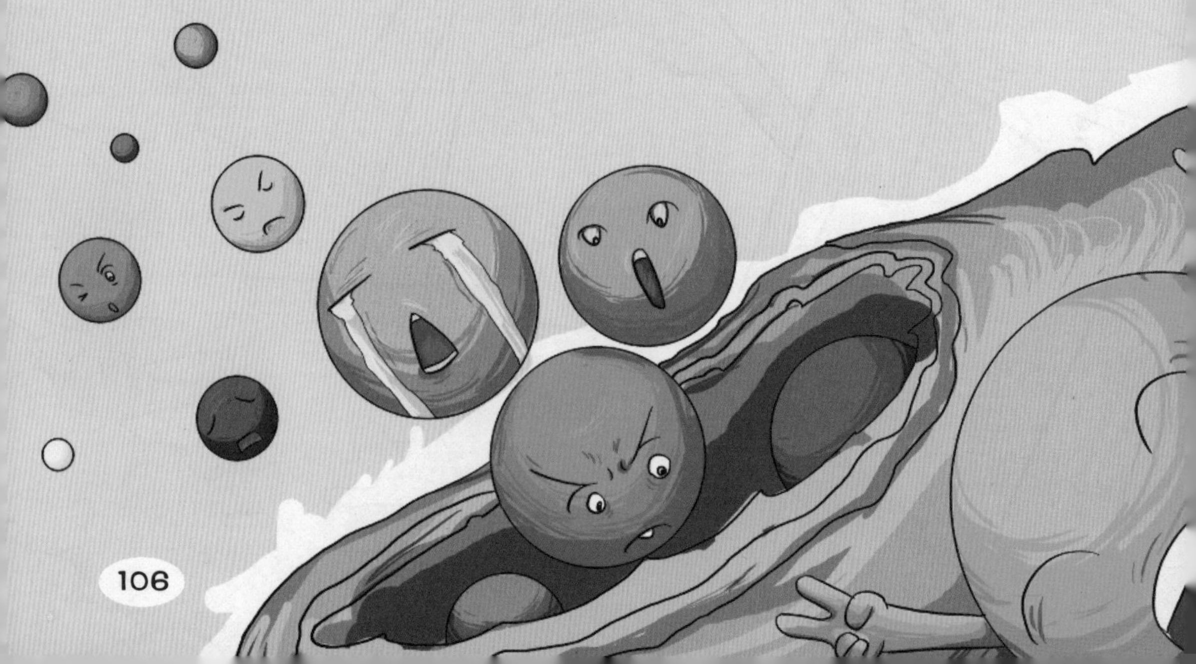

目前制作太阳电池的材料是什么？

制作电池的材料是半导体硅片，主要有单晶硅与多晶硅，还有一些薄膜。

为什么在硅太阳电池的表面镀上蓝色？

这样做的目的是为了减小反射率与延长寿命，在电池的外边包上一层玻璃板。这层玻璃很厚，电池看似是蓝黑色，和黑色很接近了。这种玻璃板不是光滑的，因为光滑玻璃透光率很高，同时它的反射率也高了，所以科学家就让玻璃表面变粗糙，在这种情况下，光经过好几层折射，最后都落在了太阳电池片上，专心发电。

我国的《可再生能源法》是在 2006 年 1 月 1 日起施行的。它给准备投资太阳能产业的人提供了有力的法律保障。

随着化石燃料、煤矿资源以及其他的能源日益减少，核能发电慢慢成为了世界各国争相利用的有效发电资源。

核能发电的原理是靠铀燃料进行核分裂连锁反应所产生的热，将水加热成高温高压的蒸汽进而推动发电机运行，从而产生电能。因为它的体积小、在地球上的储量大以及它在反应时所产生的热能是矿石燃料的十多万倍等优势，在发电上成为了许多发达国家的新宠。但是核电站的建立会伴随着安全隐患和技术问题，所以安全稳定地利用核资源仍旧是世界各国的重要课题。

第六章 闪烁的光

对光的好奇

光很奇怪也很神秘！因为它可以把世界照亮，给我们带来了很多的好处，如果失去光的话，将是一片黑暗。小朋友，你们知道光是怎么产生的吗？今天阿乐带小朋友一起探索，还有可能遇到可爱的萤火虫哦！

人是怎样看见物体的？

很早很早以前，就有人对光很好奇，提出人是怎么看到物体的这个问题的。以前的时候，人们总是感觉是眼睛发出的光线，假如这些光线碰上物体上的话，人类才会看到物体的。还有的人感觉是必须去触摸，才能看到物体。其实这些说法是不对的。如果眼睛会发出光线的话，为什么人在黑夜里看不到东西呢？只有在开灯的情况下才能看见东西呢？

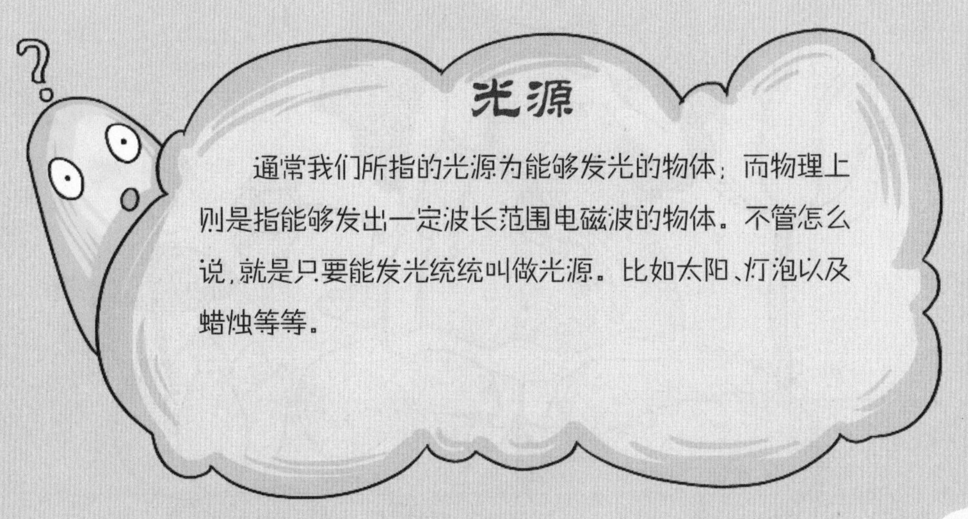

光源

通常我们所指的光源为能够发光的物体；而物理上则是指能够发出一定波长范围电磁波的物体。不管怎么说，就是只要能发光统统叫做光源。比如太阳、灯泡以及蜡烛等等。

到了公元11世纪的时候，来自阿拉伯的一位科学家，他的名字叫伊本·海赛木（我国以前有些书中翻译为阿尔哈金），他的答案是光线是从火焰或者是太阳上发出的，然后射到物体上的，被物体反射回来之后，才进入到人的眼睛里的，所以人们才看到了东西。

我们知道了光是从哪里来的，但与眼睛也有着很大关系，人的眼睛就像是一架照相机。假如发光的物体所发出的光，或者是不发光的物体所反射的光，进入了人的眼睛，然后再通过眼睛的折光部分，就会悄悄地在眼的视网膜（就是眼底）上形成倒立的像，再传给大脑，但是途中必须经过神经系统，最后产生了视觉，所以人们就看到了东西了。

光

光是由一种叫做光子的基本粒子组成。它有着粒子与波动性，也可以叫做是波粒二象性。从物理学上说的话，光是由一个个独立的光子构成。

光在什么地方传播呢？

真空、空气、水等透明的物质中，这些都是光可以传播的地方。在一般的情况下，人们的眼睛能看到光的波长是在 400～700 纳米之间（一纳米就是十亿分之一米）。

爱因斯坦光电效应

1905 年的时候，有一个人提出了著名的光电效应，他就是爱因斯坦。当紫外线照射在物体表面的时候，就会把能量传到表面上的电子，那样的情况下，电子就不受原子核的控制了，从表面溜出来了，所以爱因斯坦就把光解说成光子就是一种能量的集合。之后，他创建了量子物理，他认为所有的光都具备波与粒两者相互的性质，但是它们的比例是不一样的。那么光就是一种波，但也是一个个光子所构成。

还有一种方法使人们接触到光，那就是可以产生光的物质，其中有白炽灯泡与荧光灯管、激光器，还有美丽的萤火虫与生活中的太阳。

萤火虫发光的原理和意义

提起萤火虫，也许大家都不陌生，它给我们带来了无限的快乐。在夏天和秋天田野的夜晚，我们会看见飞来飞去一闪一闪亮晶晶的萤火虫。雄虫比雌虫的个体要小一些，可是它发出的光却亮一些。萤火虫所发出的光，并不完全是照明的，还是保护自己的信号、求偶的信号，是吸引异性来到自己身边。

我们见到的萤火虫有很多种，虽然我们可以看到萤火虫一闪一闪地飞行，但不同种萤火虫发出的闪光信号是不一样的。

雄虫的每一组闪光信号的组成是有节奏的。它的每一个节奏，都代表着闪光的次数与闪光的频率，还有闪光的时间，对于这些特定的信号，雌虫都知道的。假如雌虫快速地回应了那些闪光的信号，那么雄

虫就知道雌虫是愿意的意思了，就会飞来交尾，进行繁殖后代。

有的科学家准确分析出某种雄性萤火虫的闪光规律后，用手电筒模拟这种闪光信号，竟然发现同种的雌虫会迎光而来。

萤火虫的发光器官就在腹部末端，因为这里有发光的细胞。

光是如何产生的

在生活中，我们看到的其实是光源产生的很多的光子，然后这些光子从物体上反射之后形成的光。假如我们向周围观看一下，我们就会发现很多的产生光子的光源，一些流动的光子被人的眼睛所吸收，所以我们就很清楚地看见物体了。

利用加热的办法就会激发原子的产生，是最常见的，相对来说也是白热光的基础。假如我们用喷灯来加热马蹄铁的话，它会变成红热，假如加热到一定程度的情况下，就会变为白热。我们看见的红色是属于能量最低的，所以在红热物体中，原子得到的能量、散发出来的光是人们肉眼可以看到的。

生活中我们看到的光，加热是最普遍不过了。一般的 75 瓦白炽灯泡，就是利用电力来加热，然后产生了光。

光的颜色

我们先来看看阿乐做的这个小实验。

第一步：准备三只手电筒、红绿蓝（通常称为三原色）三种不同颜色的玻璃纸、橡胶带。

第二步：用一层或者是两层红色玻璃纸，把一只手电筒给蒙住。

第三步：然后用橡胶带把玻璃纸固定了（不需要太多层玻璃纸，不然会阻挡手电筒发出的光）。

第四步：拿出蓝色玻璃纸，蒙住另一只手电筒。

第五步：拿出绿色玻璃纸，蒙住第三只手电筒。

第六步：然后走到黑暗的房间里，轻轻打开手电筒，往一面墙上照去，使光束重合。

第七步：在红光与蓝光重合的地方，会出现绛红色。在红光与绿光重合的地方，我们看到的是黄色。在绿光和蓝光重合的地方，我们看到的是蓝绿色。

从这些我们发现了有很多种颜色组合，比如黄和蓝，还有绛红和绿，还有蓝绿和红。所有颜色相混合就会形成白光。

相减色

还有一种制作减色的方法是吸收某些光频，然后把它从白光组合里面去掉，所吸收走的颜色，我们就看不到了。

颜料与染料分子，都会吸收特别的频率，会把其他频率反弹回来，或者是反射回到眼睛里面了，反射的频率是一个，或者是几个，那么这些就是我们看到的物体颜色了。比如，绿色植物的叶子里面有一种叶绿素，它可以把光谱中的蓝色与红色吸收走，然后反射成绿颜色了。

什么是光导纤维

光导纤维不神秘了，走进了我们的生活。带着我们的好奇心，和阿乐一起来做个光导纤维的小实验吧！

课堂小实验——自制光导纤维

第一步：准备一个塑料瓶子、钉子、刀、一根透明的塑料软管、手电筒一个、万能胶或玻璃胶、大水桶。

第二步：把瓶子的底部用刀切割掉，把盖子上钻个眼儿。

第三步：把透明的塑料软管，穿过瓶盖上的小孔。

第四步：拿万能胶或玻璃胶把水管和瓶盖之间粘牢，加以密封。

第五步：把水装进瓶子里面，装满为止。此时水就会顺着塑料软管流了下去，这样就制成了一根光导纤维！

第六步：拿起手电筒去照射瓶子里面的水，我们就可以看到光线顺着软管里的水，悄悄地传导下去了。

我们可以清楚看到手电筒的光通过软管，在水桶里照射的亮点。

光导纤维的原理

光导纤维是使用通光率很高的材料制成，光线可以很容易地在光纤里面传播。使用的材料的折射率高，这样光线在到达其表面与空气接触的界面时，很容易发生"全反射"跑不出去，因而可以一直沿着光纤传播下去。

小朋友们，实验是不是很有趣？下面我们再做一个更大一点的光导纤维实验。

自己制造的光纤纤维

第一步：准备材料是水笔、透明胶带、滴管、塑料软管。

第二步：把塑料软管一头用透明胶带封住，而且要封死。

第三步：拿起滴管，然后把它给注满水。

第四步：再用激光去照射软管的一头，我们就会看到贴着透明胶带的另外一头了，有着美丽的激光，就射了出来了。

如果把塑料管弯曲的话，激光也跟着弯曲了，这就是光导纤维。

在使用的时候，我们需要注意的是尽量不要大角度地去弯曲。理由是弯曲角度大的话，里面的一些光线，就不可能出现全面的反射了，就会少了一部分。

在1870年的时候，英国的一位物理学家丁达尔，有一次他在演讲中讲了光的全反射原理，而且还做了一个简单的实验：在木桶上钻个孔，然后再装满水。拿起灯把桶上面的水照亮，放光的水却从水桶的小孔里面流了出来，水流很弯曲，光线也开始跟着弯曲了，光看起来很听弯曲的水指挥了。

光导纤维的应用

用在通信上的是多股光导纤维做成的光缆。它的传导性能很好，它传输信息的容量也很大的，它的一条通路就可以在同一时间容纳十亿人进行通话了，也可以在同一时间去传送几千套电视节目，可以任意地看。

光导纤维内窥镜的用途很多，还可导进人的心脏与脑室，目的是测量心脏中的血压与血液中氧的饱和度，还有人的体温等。

用光导纤维来连接的激光手术刀，得到了应用，同时还可以用光敏法来治疗癌症。

光导纤维还可以把灿烂的阳光送到每个角落里。

高分子光导纤维在刚开发的时候，只用在汽车的照明灯的控制上，还有装饰上。可是现在，主要用在光导向器与显示盘，还有标识与开关类照明的调节、光学传感器及医学与装饰，还有船舶上等等。

什么是光纤通信

在光导纤维的作用下进行的通信，就叫做光纤通信。

对于一对金属电话线来说，可以同时传送一千多路个电话。而一对细的像蛛丝一样的光导纤维，同时就会通一百亿路电话的。假如铺设1000千米的同轴电缆的话，需要大约500吨的铜；如果使用光纤通信的话，很节约的，就需要几千克石英就可以了，含石英最多的地方就是沙石中。

内窥镜就是利用光导纤维制成的，它的作用是帮助医生检查胃与食道，还有十二指肠等的疾病。

光导纤维胃镜

它是由上千根玻璃纤维组成的软管。它有输送光线与传导图像的功能。可以任意弯曲，因为它很柔软与灵活，能通过食道插进人的胃里面。光导纤维会把胃里的图像给传出来，在这样的情况下，医生就会看到胃里的情况，以便之后进行治疗了。

光导纤维的分类和特征

按材质分为两种，一种是无机光导纤维，另一种是高分子光导纤维。工业上多用的是无机光导纤维。高分子光导纤维，就是用透明聚合物来制成的光导纤维。它的组成是纤维芯材与包皮鞘材等。

光导通信的研究与实用和光导纤维的低损耗密切联系着，石英玻璃光导纤维的优点就是损耗低。

激光的新用途

激光品酒：美国的物理学家培亚特，发明了一种可以"品"酒的激光装置，这个装置会品尝出酒的味道，还有一个用途就是能测出酒的酿造的时间。

培亚特用投射激光束穿透盛酒的试管，酒中离子散射的强弱和方向便在图像上显示出来。由于各种酒各有不同的漂浮离子，因而构成独特的曲线。含有大离子的酒散射出大量的光并呈现出升降急剧的曲线，这种酒的味道是低劣的。味道怡人的酒显示出的曲线是平滑的，即酒中所含离子的大小是均匀的，因而酒味亦特别醇。

激光缝制衣服：美国的科学家，利用激光来"缝制"了一件衬衫，很成功的，看来传统的服装业面临危机了。

科学家把需要缝合的衬衫摆放好，把一种特殊液体夹在需要"缝合"的衣料之间，然后利用低能量红外线激光，去照射这个重叠的地方，对这些化学流体进行加温，让衣料稍微的融化，达到焊接要"缝合"的那一部分。利用这种技术"缝"出来的各类衣物，相当地结实。

这种技术比较适合有弹性的衣料上，特别是对于防水的衣服，比如羊毛衣、透气衣服等。缝制这种衣物的话，提前对接口的地方进行防水的加工，才可以缝制的。

激光培育蔬菜：激光可以培育蔬菜，这听起来好像是在做梦吗？不是的，日本东海大学开发了一种半导体激光，是专门用来栽培蔬菜的。新技术是采用播放 DVD 的时候用的蓝色与红色激光。以前"植物工厂"里使用的钠光灯来照射温室，进行栽培蔬菜；可是用激光栽培蔬菜的话，技术更先进。新技术使用之后，蔬菜里的维生素 C 含量会增加 10%左右。

激光戒烟：国外医学家利用激光照射吸烟者外耳的部位，成功地改掉了人们吸烟的坏毛病。